全国地质灾害典型治理工程研究（2023年度）

吕杰堂　张义祥　张新宇　等　著

科学出版社
北　京

内 容 简 介

本书以陕西省为例，详细介绍西北黄土地区的地质环境背景，系统分析西北黄土地区地质灾害分布发育规律，在此基础上选取15个黄土地区典型地质灾害治理工程案例进行分析研究。15个治理工程案例的灾害类型包括滑坡、崩塌和泥石流3种，逐例阐明灾害基本特征，分析所采用的治理工程措施与技术方法，对治理工程的经济、社会效益，工程施工与运行维护技术方法效果进行评价，并提出针对性建议，以期为全国其他地区同类型地质灾害治理提供参考和借鉴。

本书可供地质灾害防治工作的研究者及设计从业者阅读并参考。

图书在版编目（CIP）数据

全国地质灾害典型治理工程研究 . 2023 年度 / 吕杰堂等著 . -- 北京：科学出版社，2024. 11. --ISBN 978-7-03-079751-3

Ⅰ . P694

中国国家版本馆 CIP 数据核字第 20246VE912 号

责任编辑：韦　沁　徐诗颖 / 责任校对：韩　杨
责任印制：肖　兴 / 封面设计：无级书装

科学出版社 出版
北京东黄城根北街16号
邮政编码：100717
http://www.sciencep.com
北京九州迅驰传媒文化有限公司印刷
科学出版社发行　各地新华书店经销

*

2024年11月第　一　版　　开本：787×1092　1/16
2025年3月第二次印刷　　印张：7 1/2
字数：200 000

定价：128.00元
（如有印装质量问题，我社负责调换）

作者名单

吕杰堂　张义祥　张新宇　张　月

程　凯　连建发　陈　岩　郭　枫

前　言

我国山地面积广，地形地貌多样，地质构造活动强烈，崩塌、滑坡、泥石流等地质灾害易发、频发，是世界上地质灾害最严重、受威胁人口最多的国家之一。1996年国家开始设立地质灾害防治专项资金，资助额度初始阶段每年0.5亿元，2011年以来地质灾害防治年度经费在30亿~50亿元。通过整合国土、水利、住建、移民、环保和扶贫等政策资金，至2018年中央财政累计投资超过600亿元，各级地方政府按照国家要求，提供相应地质灾害防治资金，完成约6000处地质灾害防治工程。防灾减灾与土地资源开发、工程建设或生态改良相结合，积极推动地质灾害开发性治理、社会化治理。2019年，国家全面启动高效科学的自然灾害防治体系建设，地质灾害综合治理与避险移民搬迁工程是其9项工程之一。2023年度特大型地质灾害防治资金共下达50亿元用于支持山西、浙江、福建、江西、湖北、湖南、广东、广西、四川、重庆、贵州、云南、西藏、陕西、甘肃、青海、新疆17省（自治区、直辖市）开展地质灾害综合防治体系建设工作，提高地质灾害防治能力，17省（自治区、直辖市）共布置地质灾害综合治理项目1080个。将全国不同地区地质灾害的特点及其治理措施的应用情况进行总结和评价，有利于现有成果经验的推广和后续地质灾害治理工作的开展。

西北黄土地区东起太行山，西到青海日月山，南至秦岭，北抵鄂尔多斯高原，包括陕西、甘肃、内蒙古、宁夏和山西等7个省（自治区）。陕西省境内的陕北和关中地区紧邻黄土地区南界和东界，南北跨度达800km，同时具有风积、洪积等多种黄土地层，具有黄土地区典型代表性。本书以陕西省为例，基于搜集到的15个地质灾害点的勘察、设计、监测资料进行分类统计和研究总结，逐例阐明地质灾害基本特征，分析所采用的治理工程措施与技术方法，对治理工程的经济效益、社会效益，以及工程施工与运行维护技术方法效果进行评价，并提出针对性建议，以期为全国其他地区同类型地质灾害治理提供参考和借鉴。

著　者

2024 年 10 月

目　录

西北地区地质环境背景

1.1 行政区划

陕西省简称"陕""秦"，地处中国中部黄河中游地区，南部兼跨长江支流汉江流域和嘉陵江上游的秦巴山地区。东隔黄河与山西省相望，北与内蒙古自治区毗连，西与宁夏回族自治区和甘肃省相邻，南以米仓山、大巴山主脊与四川省、重庆市为界，东南与湖北省、河南省接壤。陕西省行政区划面积 $20.56 \times 10^4 km^2$。截至 2023 年，陕西省下辖西安市、宝鸡市、咸阳市、铜川市、渭南市、延安市、榆林市、汉中市、安康市、商洛市 10 个地级市（其中 1 个副省级市）、31 个市辖区、7 个县级市、69 个县。根据陕西省第七次全国人口普查结果，常住人口为 3953 万人。

1.2 气象水文

陕西省纵跨 3 个气候带，南北气候差异较大，关中及陕北大部属暖温带气候，陕北北部长城沿线属中温带气候。陕西省气候总特点是：春暖干燥，降水较少，气温回升快而不稳定，多风沙天气；夏季炎热多雨，间有伏旱；秋季凉爽，较湿润，气温下降快；冬季寒冷干燥，气温低，雨雪稀少。全省年平均气温为 9～16℃，自北向南、自西向东递增。陕北黄土高原区年平均气温 7～12℃，关中平原区年平均气温 12～14℃。陕西省多年平均降水量 676mm，降水南多北少，关中为半湿润区，陕北为半干旱区。全省年降水量的 60%～70% 大都集中在 7～10 月，往往造成汛期洪水成灾，而春、夏两季旱情多发。秦岭山脉东西横贯陕西，以北为黄河水系，主要支流从北向南有窟野河、无定河、延河、北洛河、泾河、渭河等，流域面积为 $133301 km^2$，有河流 2524 条。

1.3 地形地貌

陕西省的地势南北高、中间低，有高原、山地、平原和盆地等多种地形。陕西北部为海拔 900～1900m 的陕北黄土高原区，总面积约 $8.22 \times 10^4 km^2$，约占全省土地面积的 40%；陕西中部是关中平原区，海拔为 460～850m，总面积达 $4.94 \times 10^4 km^2$，约占全省土地面积的 24%。

1.4　地层岩性

陕西省地层除上白垩统缺失、上侏罗统具有争议、古元古界尚不清楚外，各时代地层发育较全，将太古宇至三叠系划分为华北、秦岭和扬子3个一级地层区、14个二级地层区、17个三级地层区；将侏罗系至第四系地层划分为2个一级地层区、5个二级地层区。

太古宇—三叠系地层区划：①华北地层区，陕北和关中属华北地层区，其南界大致在陇县八渡镇—虢镇—眉县—户县—洛南县一线，沿西北–东南走向延出省外。本区除志留系、泥盆系和下石炭统缺失外，其余地层出露齐全，太古宇为变质岩，古—中元古界为碎屑岩，中—新元古界为碎屑岩、碳酸盐岩和部分火山岩、冰碛岩，寒武系和奥陶系为碳酸盐岩，石炭系及二叠系为含煤沉积地层，中生界、新生界主要为陆相红层及含煤沉积地层。在太华群、铁铜沟组、熊耳群、高山河组之间，中—新元古界与寒武系之间，奥陶系与石炭系或二叠系之间，白垩系与古近系或新近系之间，均为区域性不整合或平行不整合，代表地壳发生的重要构造运动或升降活动。②秦岭地层区，位于华北区以南，南界大致在宁强县双河寺—勉县—洋县—石泉县—饶丰镇—紫阳县麻柳坝—镇坪县钟宝镇一线，东西两侧延出省外。本区自元古宇至第四系均有分布，以古生界地层发育较全为特征，元古宇至中三叠统为海相地层，上三叠统至第四系为陆相地层，中、新元古界为变质碎屑岩、火山岩和碳酸盐岩，下古生界地层北部以火山岩为主，南部以碎屑岩、碳酸盐岩和笔石页岩为主，上古生界为变质碎屑岩、碳酸盐岩夹火山碎屑岩，三叠系为碎屑岩、泥质岩夹劣质煤，侏罗系为含煤碎屑岩和泥质岩，白垩系至第四系主要为碎屑岩和松散堆积物。③扬子地层区，位于陕西省南侧，其南和东南方向延入四川省和湖北省。本区以古生界地层为主，次为中生界、新生界和中、新元古界地层。中、新元古界（不含震旦系）主要为变质碎屑岩、火山岩，震旦系至中三叠统以海相碳酸盐岩、碎屑岩为主，上三叠统至第四系为陆相碎屑岩、泥质岩及松散堆积物。

侏罗系—第四系地层区划：西北地层区，范围包括华北区和秦岭区，以第四系和侏罗系为主，古近系、新近系和下白垩统次之，上白垩统缺失。侏罗系发育齐全，为含煤及石油碎屑岩，下白垩统、古近系和新近系均为陆相红层，第四系为松散堆积物、含哺乳类动物化石。

1.5　地质构造

陕西省综合构造单元共划分为4级：3个一级分区，分别为华北板块（柴达木–华北）、商丹板块对接（结合）带（或原特提斯洋板块）和扬子板块（羌塘–扬子–华南）；8个二级构造分区，含华北陆块（克拉通）、祁连早古生代造山带、北秦岭新元古代—早古生代造山带（活动大陆边缘）、商丹晋宁加里东期复合板块构造结合带、中秦岭弧前海槽、秦岭–大别山新元古代—中生代造山带、可可西里–巴颜喀拉中生代造山带、扬子陆块（克拉通）；14个三级构造分区，即鄂尔多斯地块、华北地块南缘褶皱带、陇山断隆带、宽坪中元古代裂谷、北秦岭活动陆缘、武关–黑河弧前沉积增生楔、刘岭弧前海槽、南秦岭边缘海盆、北大巴山–西倾山早古生代裂谷带、勉略板内结合带、摩天岭地块、龙门山–阳平关裂谷、扬子地块北缘等。

西北黄土地质灾害分布（发育）特征及灾情

2.1 地质灾害分布特征

根据区域自然地理条件和地质灾害的空间分布特征，西北黄土高原区地质灾害可分为山地地质灾害和平原地质灾害（地裂缝、地面塌陷等）；根据地质灾害活动的时间特点可划分为突发性地质灾害和缓变性地质灾害。主要地质灾害类型为滑坡、崩塌、泥石流、地面塌陷、地面沉降、地裂缝和水土流失，最易发生的是滑坡、崩塌和泥石流。

西北黄土高原区的滑坡按物质组成可划分为黄土滑坡和黄土基岩接触性滑坡 2 种类型。区内以中、小型浅层黄土滑坡为主，滑体物质由黄土和黄土类土组成，主要分布在黄土梁、峁沟壑区及黄土塬边。大型滑坡一般位于较大河谷中上游深切的梁塬边缘斜坡带，如延河中上游、白于山南侧及洛川塬塬边等地。黄土滑坡的滑体大多为 Q_3 黄土，或由上部为 Q_3、下部为 Q_2 的黄土组成。滑坡前缘的滑床多沿第四系古土壤、红黏土或基岩顶面发育。滑体剪出口常有泉水出现。老滑体一般由于人类工程活动出现新的局部位移或整体复活，先期后缘出现拉张裂缝，逐步发育侧向裂缝，裂缝不断扩大延伸，而后坡体出现变形。

西北黄土高原区的崩塌可分为黄土崩塌和基岩崩塌。黄土崩塌主要发生在坡高低于 20m 且坡度大于 60° 的黄土沟壑的支沟、残塬边坡，多是由平行于坡面的卸荷裂隙发展而成。具体在米脂 – 子洲 – 绥德、子长 – 清涧 – 延川 – 延长，以及安塞、志丹和吴旗等地坡度大于 60° 的斜坡或因修路建窑（房）人工削坡形成的陡崖处；基岩崩塌一般发生在高度大于 20m、坡度大于 75° 的陡坡，主要分布于黄河沿岸基岩深谷区以及无定河中游黄土梁、峁沟壑区。

西北黄土高原区的泥石流往往由暴雨诱发。由于该地区特殊的地貌条件，地形起伏大、地表切割强烈，其泥石流灾害远较其他区域严重。经常发生泥石流的区域包括无定河支流、延河及其支流等流域。矿区及修路弃渣堆放不当、部分基岩崩塌、滑坡堆积物也是该地区泥石流的主要物质来源。

近年来受强降雨、地震、冻融、人类工程活动等因素影响，陕西省地质灾害隐患点数量多、分布广、类型多、威胁重、分区明显，具有隐蔽性和突发性，总体稳定性差。截至 2022 年底，全省在册共有地质灾害隐患点 10988 处，共威胁 7.6 万户共计 39.67 万人，威胁财产 281.81 亿元。

（1）地质灾害分布。从地质灾害发育分布区域看，陕西地质灾害易发区分布广，总面积达 $18.93 \times 10^4 km^2$，占国土总面积的 92.07%。在册地质灾害隐患点分布在全省 12 个市（区）、107 个县（市、区）、960 个乡镇。其中，崩塌在全省各市均有分布，主要分布在陕北黄土地区的榆林和延安；滑坡在全省各市均有分布，主要分布在陕南秦巴山地的汉中、安康、商洛；泥石流多分布在秦巴山区，陕北黄土高原墚峁沟壑区主要表现为泥流；地面塌陷主要发生在我省北部和南部矿区采空区地表，尤其以延安、榆林部分矿区地面塌陷最为严重；地面沉降主要发生在关中盆地，尤其以西安最为严重；地裂缝主要分布在关中盆地的中部和东部，尤以西安市区最为集中。

（2）地质灾害种类。陕西省地质灾害类型主要包括崩塌、滑坡、泥石流、地面塌陷、地裂缝和地面沉降，以滑坡、崩塌、泥石流及地面塌陷为主。其中，滑坡最多，共计7531处，占比68.54%；其次是崩塌，共计2784处，占比25.34%；泥石流437处，占比3.98%；地面塌陷187处，占比1.70%，其他地质灾害（地裂缝、地面沉降）49处，占比0.45%。

（3）地质灾害规模。按地质灾害规模等级划分（表2.1，图2.1），其中，巨型145处，占比1.32%；特大型75处，占比0.68%；大型486处，占比4.42%；中型2389处，占比21.74%；小型7893处，占比71.83%。

表 2.1　截至 2022 年底陕西省地质灾害隐患规模等级统计表

类型	规模等级					
	巨型	特大型	大型	中型	小型	总计
滑坡	5	57	285	1446	5738	7531
崩塌	2	17	152	812	1801	2784
泥石流	29	1	35	125	247	437
地面塌陷	109	0	13	4	61	187
其他	0	0	1	2	46	49
总计	145	75	486	2389	7893	10988

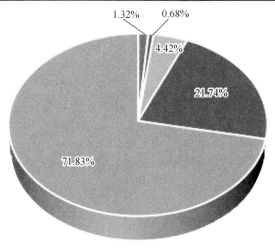

■ 巨型　■ 特大型　■ 大型　■ 中型　■ 小型

图 2.1　截至 2022 年底陕西省地质灾害规模饼状图

（4）地质灾害险情。按险情等级可划分为特大型 50 处，占总数的 0.46%；大型 75 处，占比 0.68%；中型 1099 处，占比 10.00%；小型 9764 处，占比 88.86%（图 2.2，表 2.2）。

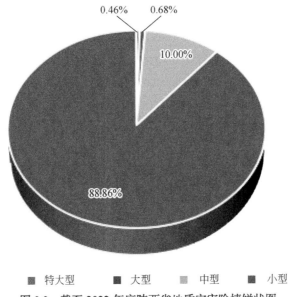

图 2.2　截至 2022 年底陕西省地质灾害险情饼状图

表 2.2　陕西省地质灾害隐患险情等级统计表

类型	险情等级				
	特大型	大型	中型	小型	总计
滑坡	32	39	651	6809	7531
崩塌	10	22	308	2444	2784
泥石流	8	9	84	336	437
地面塌陷	0	5	50	132	187
其他	0	0	6	43	49
总计	50	75	1099	9764	10988

2.2　地质灾害灾情

据统计，2018～2022 年，陕西省全省共发生地质灾害 1021 起，共造成 38 人死亡失踪，11 人受伤，直接经济损失为 9.9 亿元（表 2.3）。相较于 2013～2017 年，在灾害发生次数增加 39.29% 的情况下，因灾受伤人数、因灾死亡（失踪）人数分别减少 83.08%、

79.57%。

表 2.3　陕西省地质灾害灾险情统计表（2018～2022 年）

年度	地质灾害数量 / 起	因灾受伤人数 / 人	造成人员伤亡地质灾害数量 / 起	因灾死亡（失踪）人数 / 人	直接经济损失 / 万元
2018	258	1	2	5	9874.1
2019	64	4	4	6	3557.6
2020	161	1	4	7	4668.43
2021	514	5	7	17	79993.66
2022	24	0	2	3	935.2
合计	1021	11	19	38	99028.99

注：数据源自陕西省地质环境监测总站（陕西省地质灾害中心）。

黄土地质灾害治理工程典型案例

3.1 案例 1：米脂县米脂一中操场滑坡

3.1.1 灾害基本特征

米脂县米脂一中操场滑坡位于米脂县银州街道办事处孙家沟米脂第一中学西侧斜坡上（图 3.1），中心坐标为东经 110°09′45.46″，北纬 37°45′30.42″。该滑坡平面上呈近南北向展布，滑向为 35°～60°，宽约 344m，长度为 61～72m，厚度为 2.1～8.0m，体积约 $11.6 \times 10^4 \mathrm{m}^3$。根据其岩土组成结构、地貌形态、滑坡体变形破坏特点等，该滑坡为一中型浅层黄土滑坡。

图 3.1 米脂一中操场滑坡治理区地形地貌图

南部区域：边坡南部区域宽约 202m，长度为 61～72m，厚度为 2.1～8.0m，体积约 $7.27 \times 10^4 \mathrm{m}^3$。南部区域危险性较大。

北部区域：边坡北部区域长约 142m，宽约 61m，厚度为 2.1～8.0m，体积约 $4.33 \times 10^4 \mathrm{m}^3$。根据岩土组成结构、地貌形态、坡体变形破坏特点等判断，北部区域无大规模或整体滑动变形迹象。

滑坡体形成机制分析：从米脂一中操场滑坡的地形地貌特征、地层岩性、变形破坏特征和变形破坏标志等因素综合分析，其变形破坏模式为滑体顶部黄土垂直裂隙及落水洞较发育，坡脚开挖取土使山体前缘形成临空面而失去支撑，并牵引中、前部斜坡滑动，从而导致斜坡上部拉裂下陷变形，滑坡后缘存在多条拉裂缝。滑坡的破坏机制为牵引式滑动机制。

3.1.2 治理工程措施

该滑坡防治工程分级为Ⅰ级，主要治理工程措施：分级削方减载工程＋底部锚索框架梁工程＋排水工程＋绿化工程＋监测工程。

采取分台阶削坡施工方法，台阶宽度为3.0～6.0m，削坡比为1∶0.75，以消除滑坡隐患；一级、二级边坡坡面存在局部不稳定的情况，二级坡面采用锚索格构梁结构进行防护，以保证人员安全；在滑坡体外围及坡面布置截水沟、排水沟；削坡平台处种植刺槐等树种绿化，坡面采用钻孔植草。该滑坡治理前与治理后情况分别如图3.2和图3.3所示。

1. 削方工程

削方工程中设计主体坡比为1∶0.75，每级台阶高度为6m，台阶宽度为3.0～6.0m，采用机械削方方法进行削坡，两侧及顶部根据地形自然削出，人工修整边坡，在每级边坡顶部设置平台，削坡随坡就势，采取自上而下分层分段开挖策略，小弯取直、大弯就势，削坡至斜坡顶部及两侧边缘处与自然坡面弧形衔接。削坡方量约 $12.9201 \times 10^4 m^3$。

2. 锚索框架梁

保留滑坡体下部一级、二级边坡，采用锚索框架梁结构进行加固，柱及横梁嵌入坡面200m，遇局部架空其基础的情况，先铺砌2～5cm厚的砂浆平层。锚索框架梁加固长度为125m。

3. 排水系统

排水沟：在削坡台阶坡脚处布设排水沟，断面呈矩形，排水沟长度为3680m。

急流槽：沿坡面方向布置，将各级平台的截水沟进行连接，形成排水通道。急流槽为矩形断面，净过水断面尺寸为0.4m×0.4m，壁厚为25cm，三七（3∶7）灰土换填基础厚度为20cm。采用C20混凝土浇筑。

图 3.2　米脂一中操场滑坡治理前的现场照片

图 3.3　米脂一中操场滑坡治理后的现场照片

截水沟：在削坡顶边界处布设，截水沟为梯形断面，内截面上宽为 0.75m，底宽为 0.35m，高为 0.4m，壁厚为 25cm，3∶7 灰土换填基础厚度为 20cm。采用 C20 混凝土浇筑。

总长度为330m。

消力池：连接急流槽与截水沟、排水沟，共计75个。采用C20混凝土浇筑，平面净尺寸为1.0m×1.0m，池深为0.8m，侧壁厚为30cm，底厚为30cm，基底采用30cm厚的3∶7灰土垫层。

滑坡体外围和每级削坡平台内侧设置排水沟，并沿坡体纵向布设排水沟将整个排水系统联为一体。纵向排水沟在平台处设置跌水，防止水流对截水沟、排水沟的冲刷破坏。坡体分两个方向排水，南、北部区域分别经排水沟至坡脚与居民区排水系统相连。

4. 路面硬化工程（排水作用）

保留路面区域设置C20混凝土路面（排水作用），采用厚约30cm的路基三七垫层，厚约20cm的C20混凝土路面，宽度为6～10m，长度为410m。硬化路面外侧设置波形护栏，护栏长度为350m。

5. 坡面绿化

在削坡3m宽平台栽植1行刺槐（胸径不小于3cm），5m宽平台栽植2行刺槐（胸径不小于3cm），株距为2.0m，以进行绿化，防止水土流失，保护环境。坡面绿化采用钻孔植草法，树种选用紫穗槐。

3.1.3　治理效果分析评价

经济效益：本项目实施后，解除了滑坡对区域内11383人、2000余万元财产的威胁。

环境效益：项目实施后，边坡陡立面减少，斜坡面积增大，待自然播种或后期人工绿化后，将大大增加绿化面积，减少垮塌的发生，改善当地日益恶化的生态环境，能保护区内社会安定，为村民提供安全、舒适的生存环境。

社会效益：治理工程的实施，将会阻止灾害的发生，降低灾害造成的人员伤亡和财产损失，促进当地经济可持续发展，促进生存环境与经济建设协调发展，对地质环境与经济发展的高度协调、统一有着十分积极的作用。

存在问题：一是植被恢复不到位，坡体局部水土流失，形成沟壑和坑洞，坡体陡立不利于土壤蓄水，植被恢复成效较低；二是沟道阻塞，在明渠的消力池和拐角处沉积有黄土和杂物。

3.2 案例2：府谷县四完小西侧崩塌

3.2.1 灾害基本特征

府谷县四完小西侧崩塌治理工程位于府谷县新区牛家沟沟口（图3.4），地理坐标为东经111°00′48″，北纬39°01′08″，宽约250m，分为南北两段，北段长度为115m，南段长度约135m。边坡南段高度为30～60m，与坡下道路紧邻，下部坡体近似直立，砂岩、泥岩互层，坡体表面风化严重，易在震动、雨水等因素影响下产生落石，直接威胁四完小师生及过往车辆行人的出行安全，受威胁人数达1899人，直接威胁财产2368万元。

图3.4 府谷县四完小西侧崩塌灾害点全貌（镜向207°）

崩塌形成机制分析：四完小西侧崩塌属砂岩、泥岩互层边坡，由于市政道路建设过程中人工开挖边坡，坡面未进行处理，人工开挖边坡坡率约为1：0.4，坡体岩性为砂岩、泥岩互层，边坡上部有一层2～3m厚的中厚层砂岩，在雨水、冻融、风化等作用影响下，易形成崩塌隐患。

3.2.2 治理工程措施

该崩塌防治工程分级为Ⅰ级，主要治理工程措施：危岩清理＋削坡工程＋护脚墙＋混凝土框架梁＋窗式护坡＋排水系统＋绿化工程等。治理工程进行前、开展中、完成后的情况如图 3.5～图 3.7 所示。

图 3.5　府谷县四完小西侧崩塌治理前的现场照片

图 3.6　府谷县四完小西侧崩塌治理中的现场照片

图 3.7　府谷县四完小西侧崩塌灾害治理后的现场照片

1. 削坡工程

削坡工程中采用 1∶0.5 的坡率对南段整个坡体及北段已有锚板护坡上部进行刷方，单级坡高为 6m，斜坡坡脚留设 2m 宽的平台；北段挡墙上部平台顺接三级平台，南北段坡面在削坡转接处逐渐过渡顺接；自第 9 剖面往北，南侧一、二级平台逐渐收缩，一、二级斜坡往北与原有护坡挡墙逐渐过渡顺接。

2. 护脚墙

边坡南段坡脚处设置护脚墙，墙体高为 3.5m，墙背坡率为 1∶0.2，露出基准面高度为 3m，基础埋深达 0.5m，墙顶宽度为 1m，墙底宽度为 1m，墙体采用 C20 混凝土浇筑。每 10m 设置一道变形缝，缝内采用沥青木板或沥青麻筋填塞。

3. 混凝土框架梁

对一、二级斜坡与已建锚板护坡过渡部分，采用混凝土框架梁进行支护。框架梁截面为 30cm×30cm，采用 C25 钢筋混凝土现浇，钢筋骨架节点采用螺纹锚杆进行锚固，锚杆长度为 3m，锚杆锚固角度与坡面垂直。框架梁内部用浆砌砖进行封闭，砌砖厚度为 24cm。

4. 窗式护坡

对整个坡体南北段上部进行刷方后，坡面均采用砌砖空窗式护墙防护，砌筑窗式护坡前在斜坡面刻槽，刻槽深度为 0.1m，空窗内嵌六棱砖，六棱砖采用 M10 水泥砂浆铺砌，并覆土撒播草籽。

5. 排水系统

截水沟：在边坡坡顶有一道截水沟，沟身净尺寸为 0.6m×0.6m，壁厚为 0.2m，采用 C20 混凝土浇筑。边坡南段截水沟水流流向边坡中部沟道，并沿设置的吊沟汇入坡脚消力池，与市政道路排水系统相连；边坡北段截水沟在斜坡北端与市政道路排水系统相连。

平台排水沟：在整个坡体南北段上部，每间隔一级平台有一道排水沟，沟身净尺寸为 0.4m×0.4m，采用 C20 混凝土浇筑，截水沟中心线距平台外边线 1.3m。

坡面排水渠：在护坡坡面设置排水渠，净尺寸为 0.6m×0.6m，壁厚为 0.2m，采用 C20 混凝土浇筑，水流经平台排水沟流入坡面排水渠后汇入吊沟。

吊沟：在边坡中部凹槽护脚墙设置吊沟，沟身净尺寸为 1.0m×0.3m，采用 C20 混凝土浇筑，水沟每 10m 设置一道变形缝，缝内采用沥青木板或沥青麻筋填塞。截水沟排水与平台排水汇入吊沟。

消力池：消力池设计为矩形断面，内径宽为 1m，高为 0.5m，长为 1.5m，壁厚为 0.2m，基础厚为 0.2m，采用 C20 混凝土浇筑。消力池外围有高度为 0.5m 的防护栅栏。

6. 绿化工程

对窗式护坡窗内覆土后人工撒播草籽，选用草籽为紫花苜蓿，定植苗量为 $80kg/hm^2$。

3.2.3　治理效果分析评价

经济效益：本项目实施后，解除了崩塌对区域内 1899 人、2368 万元财产的威胁，该项目实施后，具有良好的环境、社会和经济效益。

环境效益：不仅能最大限度地减小损失，保障四完小师生及周边群众的安居乐业、过往车辆行人的安全和生产建设的正常进行，还可以消除该区域每年因崩塌造成的财产损失，可以保护建筑物，巩固斜坡坡面，改善人居环境，促进生态环境进一步改善，并趋于良性循环。

社会效益：通过该崩塌治理项目的实施，可以消除该区域崩塌灾害对四完小师生及过往车辆行人的生命财产安全的威胁，保持当地社会的安定团结，消除群众心理隐患，从而化解各种矛盾，融洽干群关系，提高政府公信力，营造和谐稳定的社会氛围，也将是各级相关部门履行"与时俱进"思想路线、构建"和谐社会"的真实写照，社会效益巨大。

存在问题：采用机制砖式绿化，坡体局部水土流失；植被恢复成效较低。

3.3　案例3：吴堡县古城路崩塌

3.3.1　灾害基本特征

府谷吴堡县古城路崩塌治理工程位于县城北侧宋家川街道办事处宋家川村黄河右岸（图3.8），该崩塌属于岩质崩塌，崩向为130°，垂直河流流向，崩塌体横宽为659m，高28～34m，坡体近似直立，个别部位稍缓，厚度约5m，该崩塌体岩体破碎，节理裂隙发育，时有掉块现象，现状稳定性差，体积约$10.2 \times 10^4 \mathrm{m}^3$，为大型岩质崩塌（图3.9）。严重威胁崩塌体上部32栋居民楼房中1189间房和2189人的生命财产安全，以及下部900m沿黄公路和车辆行人的安全。

崩塌形成机制分析：古城路崩塌位于吴堡县东南部、黄河右岸，属低山丘陵地貌区，微地貌为岩质边坡陡坎。位于土石峁的坡体下部坡脚处，高程介于610m和653m之间，高差为25～43m，总体西高东低，呈两级台阶状，一级台阶为沿黄公路，台阶高度为10～12m；二级台阶为崩塌体，台阶高度为20～32m。该岩质边坡平面形态呈近直线型，坡度为70°～80°，局部呈直立状，坡体组成物质主要为三叠系砂岩，风化强烈，节理、裂隙发育。坡脚为黄河河床，坡顶为古城路，南部和中部坡顶还分布着大量居民楼，坡面基岩裸露，分布有大量排污管和生活垃圾。

图3.8　崩塌治理工程区黄河（镜向N）

图3.9　吴堡县古城路崩塌体全貌（镜向W）

3.3.2　治理工程措施

该崩塌防治工程分级为Ⅰ级，主要治理工程措施如下：

古城路崩塌宽约900m，宽度较大，高度为20～30m，局部高约10m。崩塌体上部为密集的民房和古城路，下部为沿黄公路，民房下部有大量的生活污水管，生活污水直接排放至崩塌体上，大部分坡脚已修建浆砌石护面墙，局部民房下部修筑了浆砌石挡墙。崩塌治理前和治理后情况分别如图3.10和图3.11所示。

崩塌体分为5段进行治理。

图 3.10 吴堡县古城路崩塌治理前现场照片

图 3.11 吴堡县古城路崩塌治理后现场照片

第一段：K0+00～K0+88.3，长度为88.3m，采用坡面清理＋锚杆＋加筋混凝土护面墙＋排污管治理的治理方案。

第二段：K0+88.3～K3+32.8，长度为244.5m。其中K0+88.3～K2+80.1段长度为191.8m，采用坡面清理＋锚杆＋加筋混凝土护面墙＋排污管治理的治理方案；K2+80.1～K3+32.8段长度为52.7m，此处为一栋13层楼房，下部已采用浆砌石挡墙对整个坡面进行了加固，岩层无外露，且该栋楼设置了集中排污管将污水集中引至坡脚后下穿沿黄公路排至黄河，该段坡面无污水排放，故此段只将排污管接入坡脚排污管网即可，不再布设其他防治工程。

第三段：K3+32.8～K5+24.1，长度为191.3m，采用坡面清理＋浆砌石挡墙＋肋板式锚杆挡墙＋混凝土充填＋绿化＋排污管治理的治理方案。

第四段：K5+24.1～K7+40.2，长度为216.1m，采用坡面清理＋浆砌石挡墙＋锚杆＋加筋混凝土护面墙＋绿化＋排污管治理的治理方案。

第五段：K7+40.2～K9+40，长度为198m，采用坡面清理＋浆砌石挡墙＋挂网锚喷＋绿化治理措施。

3.3.3　治理效果分析评价

经济效益：本项目实施后，解除了崩塌对区域内1899人、2368万元财产的威胁，具有良好的环境、社会和经济效益。通过古城路崩塌治理工程的实施，不仅能最大限度地减小损失，保证古城路居民及过往行人车辆的安全，保障周边人民群众生产建设的正常进行，而且能促进当地经济的持续快速增长，有利于广大群众脱贫致富奔小康，还可促使该地区生产、生活及生态环境得到较大改善，为本区步入资源开发与环境保护、促进其他产业发展良性循环的经济与环境共同发展之路打下基础，经济效益将是长远的。

环境效益：古城路崩塌正处于307国道黄河大桥旁，是从山西省进入陕西省吴堡县第一眼看见的地方，该崩塌不仅危险，而且坡面脏乱。通过对该崩塌的治理，坡面防护可以保护建筑物、消除安全隐患，使坡面整齐美观；排污管治理使坡面不再污水乱流、臭气熏天；绿化工程更可美化人居环境，促进生态环境进一步改善，改善古城路沿河一带的自然景观，美化县城环境。

社会效益：地质灾害治理项目最大的效益是社会效益。通过该崩塌治理项目的实施，可以消除崩塌对其上部32栋居民楼房中1189间房屋和2189人，以及下部900m沿黄公路和车辆行人的安全的威胁，保持当地社会的安定团结，消除群众的心理隐患，从而化解各种矛盾，融洽干群关系，提高政府公信力，营造和谐稳定的社会氛围，促进社会主义新城镇的建设，社会效益巨大。

存在问题：一是植被恢复不到位，坡脚植被恢复成效较低；二是沟道阻塞，在坡脚排污管网沉积有黄土和杂物。

3.4 案例4：吴堡县白家沟泥石流

3.4.1 灾害基本特征

吴堡县白家沟泥石流治理工程位于吴堡县城北白家沟。地理坐标为东经110°43′05″，北纬37°27′35″。近年来，随着城乡、交通道路、水利工程建设加速，不合理的工程活动导致区内生态环境日益恶化。尤其是城北白家沟，沟道中堆积有大量渣石，下游沟道排导渠堆积大量生活垃圾，沟谷泄洪不畅，整条沟谷堵塞严重，沟内松散堆积物储量超过 $100 \times 10^4 m^3$，白家沟泥石流属于大型地质灾害。

泥石流形成机理分析：吴堡县白家沟主沟长度为4.1km，上游发源于呼家庄头，下游于吴堡县城处直接汇入黄河，沟道总体呈南北走向，为季节性流水沟。白家沟中、上游呈"V"字形，下游呈"U"字形，流域落差约31m，沟道平均比降为5.6%。沟谷两侧山体陡峻，上游为黄土梁峁区，表层被第四系松散层覆盖；中下游属土石峁地貌，基岩出露，表层岩体物理风化作用较强烈，完整性较差。除主沟外，在主沟道两侧发育有12条小型支沟，流域平面形态整体呈长条状，利于降水的汇集，流域面积约4.8km²。该泥石流沟为单沟。该泥石流沟主要物源区位于沟道中游，太中银铁路附近。由于不合理的工程活动，铁路附近堆积有大量弃渣，弃渣堵塞部分沟道，集中堆积的弃渣储量达 $10.157 \times 10^4 m^3$，在降雨和沟流的冲刷下表层松散碎石向下游移动。吴堡县汛期多暴雨和连阴雨，在极限降雨条件下，白家沟发生泥石流的可能性极大。对沟内居民及吴堡县城威胁巨大，直接威胁下游县政府、高层建筑等重点公共设施及人员的生命财产安全，涉及居民860户、3140人，潜在经济损失达540万元。

3.4.2 治理工程措施

该泥石流防治工程分级为Ⅰ级，主要治理工程措施：1 道拦挡坝 +1 道防渗墙 + 泄水涵洞 + 泄洪渠 + 沟道整理（包括挡土墙、沟道整平和垃圾清运）+ 植被绿化。泥石流治理前和治理后景观分别如图 3.12 和图 3.13 所示。

图 3.12 吴堡县白家沟泥石流治理前现场照片

图 3.13 吴堡县白家沟泥石流治理后现场照片

1. 拦挡坝

在断面 2-2′ 处布置混凝土拦挡坝，坝高约 9.5m（含高度为 0.5m 的混凝土基础），坝顶宽度为 2.5m，坝底宽度为 6.85m，迎水面坡比为 1∶0.2，背水面坡比为 1∶0.25。

2. 防渗坝

位于断面 8-8′，将修路堆渣作为防渗坝的坝体，将堆渣的北侧坡面和南侧坡面分别作为防渗坝的迎水面和背水面。迎水面上部覆土绿化，下部坡脚做浆砌块石防渗墙，墙高为 6m，埋入地下深度为 3m，并在中部 3 ～ 5.0m 位置设钢筋混凝土排水涵洞；背水面主要采用坡体整理并覆土绿化的治理方法，排水口位置做浆砌块石防冲刷基础，防止沟道冲刷。

3. 排水系统

在堆渣体 DZ4、DZ3 的东侧布置一条排导渠，采用浆砌片石砌筑，泄洪渠总长为 274m，并对排导渠内进行清理，保持排水通畅。

4. 护坡挡墙

在 DZ4 堆渣体东侧坡脚处设置护坡挡墙，挡墙高度为 1.5 ～ 6m，长度共计 114m，并在 DZ03 渣堆南部房屋后侧稍陡斜坡坡脚设护脚墙，墙高为 1.5m，长度为 44m。

5. 沟道整理

对沟口垃圾及拦渣坝至防渗坝背水面之间的沟道进行整理。

6. 植被绿化

对沟谷中上游段两侧坡体，堆渣 DZ3、DZ4、DZ5 进行鱼鳞坑植树（塔柏）绿化，以及对沟侧回填区域进行绿化。

3.4.3 治理效果分析评价

经济效益：本项目实施后，将基本解除 50 年一遇的泥石流对白家沟沟口居民的威胁，有效保护县政府、高层建筑等重点公共设施及人员的生命财产安全，涉及居民 3140 人，其减灾效益十分可观。白家沟泥石流治理工程实施以后，将封固大部分固体松散物质，主沟泥石流趋于稳定，沟内不良地质条件得以改善，发生泥石流的规模和频率将显著减小。

环境效益：本项工程实施后，泥石流得到治理，治理工程的实施有利于白家沟附近植被的增加和恢复，使生态环境逐渐变化，使小流域气候得以改善，部分水源地的涵养能力得以提高，对上游地区的水土保持和生态环境保护工作具有重要意义。

社会效益：吴堡县城区是全县的政治、经济、文化教育中心，企业、事业单位和人口集中，长期以来，白家沟泥石流的潜在威胁给当地群众带来了沉重的心理负担，严重干扰了当地政府、企业、事业单位和居民的日常生活和工作，影响全县的经济和社会发展。通过这次治理，将使危害区内的人民财产得到保障，也将解除各级领导和广大人民群众的后顾之忧，从而实现安居乐业，能够大力发展生产，促进当地经济建设和社会各项事业的全面发展。

存在问题：植被恢复不到位，沟谷中、上游段两侧坡体鱼鳞坑以及沟侧回填区域绿化效果欠佳。

3.5　案例5：宜君县龟山滑坡

3.5.1　灾害基本特征

宜君县龟山滑坡自1980年起多次发生滑移，2003年强降雨后，其滑体前部出现大面积滑移，致使滑坡后缘原农贸市场出现1m高的陡坎，村民房屋裂缝宽度和数量增加。近年来，受周边群众生活排水影响，滑坡土体饱和，滑坡整体稳定性下降，滑坡范围进一步增大，产生较为严重的破坏变形，严重威胁滑坡影响区范围内已有建筑物的安全。现在该滑坡直接威胁县委、县人大、县政府、县政协等30个单位，居民28户1590人，房屋235间，威胁资产1.07亿元，险情等级为特大型。

该滑坡分为H1、H2和H3区（图3.14），滑坡形成机理分析如下。

H1滑坡：位于项目区中部冲沟北侧，长约100m，宽约140m，滑体厚度为2.0～8.0m，平均厚度为5.0m，体积约$7.0 \times 10^4 m^3$，为一小型浅层堆积层滑坡，滑向为265°。整体形态呈"簸箕状"，后缘位于滑坡东侧高层建筑坡脚，剪出口位于后排住户房前斜坡，两侧均以天然冲沟为界。该滑坡滑带位于上覆粉质黏土层底面与全风化泥岩层顶面。

H2滑坡区：位于中部冲沟南侧，地理坐标为东经109°06′35″，北纬35°24′05″，分布高程区间为1290～1390m，垂直高差约100m。根据野外调查及钻孔记录，滑坡区长约

图 3.14   宜君县龟山滑坡治理工程项目区域的卫星图

210m，宽约 220m。其中，H2-1 滑坡长约 110m，宽约 220m，滑体厚度为 3.0～8.0m，平均厚度约 6.0m，体积约 $14.52 \times 10^4 \mathrm{m}^3$，为一中型堆积层滑坡，滑向为 300°。平面形态呈"簸箕状"，后缘位于墚顶西侧居民楼区域；前缘剪出口位于 H2 区中部道路东侧临空面，该临空面基岩出露；滑坡两侧以天然冲沟为界。该滑坡中部南侧已于 2010 年通过设置锚索肋板墙进行工程治理，整体稳定性较好。该滑坡滑带位于上覆粉质黏土层底面与全风化泥岩层顶面。H2-2 滑坡长约 90m，宽约 170m，滑体厚度为 3.0～8.0m，平均厚度约 6.0m，体积约 $9.18 \times 10^4 \mathrm{m}^3$，为一小型堆积层滑坡，滑向为 300°。平面形态呈"簸箕状"，后缘位于道路西侧平台区域，该区域斜坡顶部裂缝发育；前缘剪出口位于前缘冲沟深切临空面，临空面基岩出露；滑坡两侧以天然冲沟为界。该滑坡滑带位于上覆粉质黏土层底面与全风化泥岩层顶面。

H3 滑坡：位于项目区西北侧，地理坐标为东经 109°06′39.50″，北纬 35°24′11.00″，滑坡长约 25m，宽约 60m，滑体厚度为 1.5～4.0m，平均厚度约 2.5m，体积约 $0.375 \times 10^4 \mathrm{m}^3$，为一小型浅表层堆积层滑坡，滑向为 243°。该滑坡整体形态呈"簸箕状"，后缘位于上方平台前陡坎，剪出口位于受威胁住户屋后临空面，南侧以出露基岩为界，北侧以错坎为界。该滑坡滑带位于上覆人工填土层底面。

3.5.2　治理工程措施

滑坡治理工程现场照片如图 3.15～图 3.20 所示。

1. 抗滑桩工程

抗滑桩工程施工前、施工中和施工后的现场照片分别如图 3.15、图 3.17、图 3.19 和图 3.20 所示。工程所用抗滑桩截面尺寸为 2.0m×1.5m，桩间中心距为 5.0m，桩长为 13.0～14.0m。其中，Z26～Z34 桩长为 13.0m，Z35～Z45 桩长为 14.0m。桩顶埋深达 0.5m。

ZⅢ型抗滑桩：于 H2-1 滑坡前缘（5-5'剖面）道路东侧临空面布设 ZⅢ型悬臂式抗滑桩，共 6 根（Z46～Z51），桩截面尺寸为 2.0m×1.5m，桩间中心距为 5.0m，桩长为 15.0m。桩间设置 40cm 厚的挡土板，挡土板高为 4.0m，采用 C30 混凝土浇筑。

图 3.15　滑坡治理工程中抗滑桩和冠梁施工前的现场照片

2. 锚杆挡土墙工程

挡土墙施工前、施工中和施工后的现场照片分别如图 3.16、图 3.18 和图 3.20 所示。锚杆挡土墙布设于 H3 滑坡前缘临空面，长度为 65m，墙高为 6m（基础埋深为 1m），面侧坡比为 1∶0.3，背侧坡比为 1∶0.10，顶宽为 0.6m，底宽为 1.6m（含 0.5m×0.5m 的墙趾），挡墙采用 C30 混凝土浇筑，每 15m 设一道伸缩缝，缝宽为 2cm，用沥青木板填塞。自墙顶往下，在 1.5m、3.5m 位置分别设置两排长度为 6m、5m 的全段黏结型锚杆，入射角为 20°，采用 2 根 HRB400 型直径（Φ）22 钢筋、M30 水泥砂浆注浆，锚杆横向间隔

(a)   (b)

图 3.16 滑坡治理工程中挡土墙施工前的现场照片

(a)   (b)

(c)　　　　　　　　　　　　　　　　　　(d)

图 3.17　滑坡治理工程中抗滑桩施工中的现场照片

(a)　　　　　　　　　　　　　　　　　　(b)

图 3.18　滑坡治理工程中挡土墙施工中的现场照片

为 3.0m。墙身设置泄水孔，泄水孔采用 $\Phi110$PVC 管，伸出墙外 5cm，进口处用土工布包裹，水平间距为 2.0m，垂直间距为 2.0m，以梅花形布设，倾角为 5°，管后设置 0.2m 厚的反滤包，墙底以下采用厚度为 30cm 的 3：7 灰土换填，分层压实。

(a)   (b)

图 3.19 滑坡治理工程中抗滑桩和冠梁施工后的现场照片

(a)   (b)

图 3.20 滑坡治理工程中抗滑桩（地下全埋式）和挡土墙施工后的现场照片

3. 地表排水系统

截水沟：分别于 H1 滑坡区、H2 滑坡区范围外修筑截水沟。H1 滑坡区北侧截水沟长度为 90m，采用倒梯形断面，侧坡比为 1∶0.3，断面内尺寸为 0.3m（底宽，顶宽为 0.48m）× 0.3m（高度），壁厚为 0.2m，采用 C20 混凝土浇筑，排水沟每 10m 设 2cm 宽的伸缩缝，缝内填塞沥青木板，沿内面和顶面填塞，填塞深度不小于 15cm。H2 滑坡区北侧主冲沟截水沟长度为 120m，采用内尺寸为 0.5m × 0.5m 的矩形断面，壁厚为 0.2m，采用 C20 混凝土浇筑，排水沟每 10m 设 2cm 宽的伸缩缝，缝内填塞沥青木板，沿内面和顶面填塞，填塞深度不小于 15cm。

排水沟：H1 滑坡区采用 P1 型排水沟，布设于 ZⅠ型抗滑桩前，长度为 125m，北侧接入截水沟，南侧接入生活污水排水渠，采用矩形断面，内尺寸为 0.3m × 0.3m，壁厚为 0.2m，采用 C20 混凝土浇筑。H2-1 滑坡区的排水沟主要分为东、西两段布设：东段采用 P1 型排水沟，沿抗滑桩、居民房屋和停车场界线布置，长度为 310m，北侧接入生活污水排水渠，南侧接入截水沟，采用矩形断面，内尺寸为 0.3m × 0.3m，壁厚为 0.2m，采用 C20 混凝土浇筑；西段排水沟主要沿中部道路布设，长度为 195m，采用 P3 型排水沟，矩形断面，内尺寸为 0.5m × 0.5m，壁厚为 0.2m，采用 C20 混凝土浇筑，设置盖板，对道路排水沟重修，北侧接入截水沟内。排水沟每 10m 设 2cm 宽的伸缩缝，缝内填塞沥青木板，沿内面和顶面填塞，填塞深度不小于 15cm。H3 滑坡区沿坡面"之"字形布设 P2 型排水沟，倒梯形断面，侧坡比为 1∶0.3，内尺寸为 0.3m（底宽，顶宽为 0.48m）× 0.3m（高度），壁厚为 0.2m，采用 C20 混凝土浇筑，排水沟每 10m 设 2cm 宽的伸缩缝，缝内填塞沥青木板，沿内面和顶面填塞，填塞深度不小于 15cm。

4. 路面硬化工程

对 H1 滑坡区后部土路进行路面硬化工程：场地整平后，采用 C20 混凝土进行浇筑，硬化路面厚度为 20cm，横断面采用内凹型，中间低、两侧高，坡比为 2%；对中部布设抗滑桩后损毁的道路进行拆除，拆除后铺筑厚度为 30cm 的 2∶8 灰土垫层，垫层压实度不得小于 0.92，压实后采用 C20 混凝土进行厚度为 20cm 的路面浇筑。

3.5.3　治理效果分析评价

经济效益：本项目实施后，解除了宜君县龟山滑坡对县委、县人大、县政府、县政协等 30 个单位，居民 28 户、1590 人，以及 235 间房屋的生命财产安全造成的严重威胁及其他隐患。通过宜君县龟山滑坡治理工程的实施，不仅能最大限度地减小损失，保证群众的安居乐业和生产建设的正常进行，且生产、生活及生态环境得到较大改善，为本区步入资源开发与环境保护、促进其他产业发展良性循环的经济与环境共同发展之路打下基础，经济效益将是长远的。

环境效益：通过对该滑坡的治理和坡面防护，保护了建筑物，杜绝了生活污水随意排放的现象，减少植被破坏，美化人居环境，促进环境进一步改善，并趋于良性循环。

社会效益：地质灾害治理项目最大的收益是社会效益。通过该滑坡治理项目的实施，可以消除威胁，保持当地社会的安定团结，消除群众的心理隐患，从而化解各种矛盾，融洽干群关系，提高政府公信力，营造和谐稳定的社会氛围，促进社会主义新农村的建设，社会效益巨大。

存在问题：沟道阻塞，排水管沉积有黄土和杂物。

3.6　案例 6：潼关县太峪泥石流

3.6.1　灾害基本特征

渭南市潼关县太峪泥石流治理工程位于潼关县太要镇的太峪，峪口地理坐标为东经 $110°17'46''$，北纬 $34°28'07''$。太峪峪道内分布有 12 个矿渣堆，沟内松散堆积物储量超过 $54.85 \times 10^4 m^3$。为泥石流提供了充足的物源，矿渣密集分布，堵塞河道，在上游的太峪东沟尤其严峻。整个太峪为一条中型水石流型泥石流沟，在极限降雨条件下，太峪发生泥石流的可能性大，直接威胁沟道及沟口 189 户、600 间房屋、1136 人、7 个厂矿企业及 1 座水库（图 3.21），潜在经济损失达 6300 万元。按险情分级属特大型泥石流灾害点，防治工程等级为 I 级。

泥石流形成机制分析如下。

（1）物源条件：治理区范围内可以参与到泥石流活动的固体物质类型主要为沟谷内及坡面的松散物源。沟谷内松散固体物源丰富，其中以固体矿渣为主，物源条件决定了区内泥石流类型主要为矿渣型泥石流隐患，废渣堆无有效的拦挡或封闭措施，形成的边坡稳定性差，易产生滑塌，堵塞河道，污染下游河道；沟道内大量分布第四系冲积物和洪积物，满布沟道，为泥石流的形成提供了大量物源；坡面侵蚀产生的物质主要提供泥石流中的细粒物质，且该类物源主要分布于流域内斜坡地带，被雨水冲刷带入沟道后增加流体重度和流体对沟岸的侵蚀作用，加剧沟岸崩滑和沟底松散固体物质的再搬运，因而在泥石流形成过程中也起到重要作用。

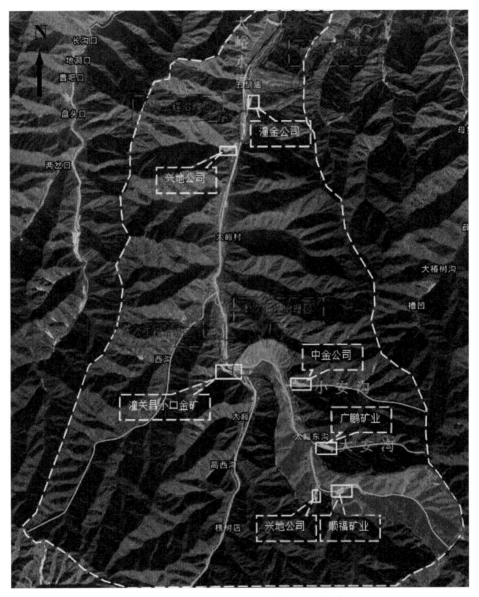

图 3.21　太峪泥石流分布和治理区示意图

（2）地形地貌条件：太峪沟道深切，谷坡陡峻、水流下切强烈，大多为"V"形谷，两侧山坡坡角一般大于 35°，分水岭与出山口相对高差达 1105m，主峪道沟床纵坡比降为 12.2%，上游东沟纵坡比降达 20.12%，总汇水面积约 26.68km²。全沟纵坡在不同沟域范围内出现多次陡缓变化，这决定了太峪沟泥石流在形成后具有较高的流速和较大的冲击侵蚀能力，为泥石流的形成提供了有利的地形地貌条件。矿山开采排出的废石加大了沟床坡度，使山坡变陡，地面高差增加，从而加大了泥石流的侵蚀能力；大量矿渣废石堆放，造成沟床压缩，增大泥石流的流深与流速，也就增强了流体的动力和冲刷力；堆放的渣堆造成沟道局部或全部堵塞，水土不断积累，增大了泥石流的势能。

（3）水源条件：项目区各沟道地处"V"形峡谷地带，暴雨十分集中。潼关县相关气象资料显示，流域降雨满足泥石流形成的需要，降雨强度超出区域的临界降雨值，根据暴雨强度指标分析得到各支沟 10 年一遇至 100 年一遇泥石流的发生概率在 0.2 ～ 0.8，泥石流发生的概率较大。矿山建设过程中山体表土大量剥离、渣场压占沟道、植被严重破坏，从而降低了对洪水的调节能力，使雨水汇流速度明显加快，增加了洪水总量和洪峰流量，使泥石流暴发的可能性增大。矿山开采排出的废渣堆堵塞沟道、抬高沟道，洪水排泄不畅，如遇特大暴雨，易发生溃决，造成极大的破坏。

3.6.2　治理工程措施

该泥石流防治工程分级为 Ⅰ 级，主要治理工程措施：挡墙稳固渣堆＋排洪渠＋截排水＋整平绿化＋次生灾害治理。治理前和治理后的现场照片分别如图 3.22 ～图 3.26 和图 3.27 所示。

图 3.22　泥石流治理工程开展前东沟 1 的现场照片

图 3.23　泥石流治理工程开展前东沟 2 的现场照片

图 3.24　泥石流治理工程开展前主峪道工点 1 的现场照片

图 3.25　泥石流治理工程开展前主峪道工点 2 的现场照片

图 3.26 泥石流治理工程开展前主峪道工点 4 的现场照片

(e)

图 3.27 泥石流治理工程实施后的现场照片

ZD1 渣堆位于东沟上游沟脑处，大致呈 3 级台阶状分布，渣堆总体坡度在 30° 左右，渣堆方量较大，严重堵塞沟道，长期处于自然发展状态，未做防护处理，渣堆坡面上可见长期雨水冲刷形成的小型冲沟，矿渣被雨水冲蚀向下游运移，因此根据渣堆原始地形在 ZD1 渣堆处设 3 级格宾挡墙，对渣堆坡面进行整理整平，整平后覆土植草绿化。

ZD2 渣堆沿东沟上游沟道凌乱堆弃，阻塞沟道，渣堆高度普遍不高，因此对于局部高度稍大、位于沟道两侧的弃渣，通过在底部设置格宾挡墙固渣，根据沟道原始地形对凌乱的渣堆坡面进行整理整平，整平后沿沟道设置 D 型主排洪渠，在渣堆坡面平坦处分段设置截水沟、排水沟，将水引入主排水渠，同时对渣堆坡面进行覆土植草和鱼鳞坑植树绿化。

ZD5 渣堆位于太峪东沟左侧支沟唐沟的中下游处，渣堆沿沟道堆放，完全堵塞沟道，不过渣堆顶部表面较为平整，因此在渣堆下部坡脚处布设格宾挡墙固渣，对渣堆坡面和顶部进行整理整平，沿渣堆顶部布设 D 型排洪渠将水顺利导入下游原始沟道，防止水流对渣堆的冲刷，同时对渣堆坡面进行覆土植草和鱼鳞坑植树绿化。

ZD7 渣堆位于东沟中游沟道左侧，渣堆规模相对较小，高度约 5m，因此在坡脚布设 2m 高的浆砌石拦渣墙，对渣堆坡面进行整理整平后，进行覆土植草和鱼鳞坑植树绿化。

太峪东沟沟道和主峪道部分分段由于采矿弃渣、冲积物、洪积物及居民生活垃圾的随意堆放，导致沟道堵塞严重，排水不畅，因此对太峪东沟沟道和主峪道2处堵塞段进行整理，尽量使其平整，根据地形修建不同规格的排水渠，保证排洪通畅，同时对整平后的沟道及道路旁进行覆土植草和鱼鳞坑植树绿化，对部分道路旁的陡坡坡脚布设浆砌石挡墙护坡。

对太峪沟口公路沿线新发次生灾害的2处崩塌和1处坡面泥石流进行治理，对B1崩塌坡脚设置2m高的浆砌石挡墙，上部采用锚杆格构进行坡面防护；对B2崩塌坡脚设置3m高的浆砌石挡墙进行防护。由于N2坡面泥石流物源已基本清理完毕，因此此次主要对沟口进行挡墙防护、修建排导渠和整平绿化。

3.6.3 治理效果分析评价

经济效益： 本项目实施后，解除了泥石流灾害对1136人、7个厂矿企业以及1座水库的威胁。此次治理工程的实施将彻底消除太峪内的泥石流隐患，太峪内分布有多家金矿企业，金矿区生态环境的改善，将创造一个良好的投资环境，极大地促进潼关旅游业的快速发展，推动潼关地区风景、历史、旅游为一体的环境、旅游资源开发，可望成为地方新的经济增长点。通过综合治理工程，提高区域生态环境，未来的后续产业将带动区域经济大力发展，经济效益显著。该工程的实施，一方面改善了区域矿山地质环境问题；另一方面为打造矿山国家公园奠定一定的基础，实现了矿山地质环境治理的双赢。

环境效益： 通过对采矿废渣堆、废矿废渣堆的治理，将最大限度地消除矿山泥石流可能引发的崩塌、滑坡灾害链，使被矿业破坏的小秦岭山地生态环境得到了一定程度的改善，矿区生态地质环境得到了显著恢复，对保护青山绿水、维护小秦岭水源涵养地、保障生物多样性都具有重大意义。

社会效益： 地质灾害治理项目最大的效益是社会效益。太峪泥石流威胁太峪沟道及沟口群众的生命财产安全、7个厂矿企业的安全生产以及太峪水库的安全等，若问题迟迟得不到解决，直接影响着政府的公信力，导致政企、干群关系紧张，社会不稳定、不和谐，矛盾日趋尖锐，已成为地质灾害区最主要的社会问题。因此，治理项目的实施可以彻底消除地质灾害对人民群众生命财产的危害，化解各种矛盾，营造和谐稳定的社会氛围，促进社区发展，社会效益巨大。

3.7 案例 7：金台区十里铺街道办事处长乐塬滑坡

3.7.1 灾害基本特征

宝鸡市金台区十里铺街道办事处长乐塬滑坡治理工程位于宝鸡市金台区十里铺街道办事处团结村（图 3.28），中心位置地理坐标为东经 107°12′23″，北纬 34°22′26″。长乐塬滑坡规模较大，威胁 14 户、27 人、37 间房屋的生命财产安全，同时威胁宝鸡市长乐塬抗战工业遗址公园的安全，经估算，潜在经济损失约为 10805 万元。

滑坡形成机制分析如下。

1. 滑体

该滑体主要由黄土状土构成，褐黄色，可塑 – 硬塑状，结构较松散，上部可见针状孔隙，含有植物根系，土质均一，局部可见白色菌丝体，厚度为 45 ～ 50m；滑体中部及前缘夹多层砂卵石，越靠近滑坡前缘厚度越大，砂卵石夹层呈杂色，一般粒径为 2 ～ 6cm，粒径最大为 15cm，中粗砂充填，分布高程在 570 ～ 620m 范围内，呈条带状分布，厚度为 3 ～ 16m。

2. 滑动（面）带

滑动带大致可分为两类：后沿为黄土状土；前沿为黄土状土与红黏土的接触界面，滑带土较明显，成分以黄土状土为主。滑动带可见油脂状摩擦面，滑带土各种面相互叠置在一起，发育带擦痕的水平剪切面，剪切面呈凹凸不平状。

滑坡中部受滑动影响的滑体最厚处达到 2.5m，一般厚度为 1.3 ～ 1.5m，多个钻孔均揭露了滑动带的物质组成，反映了滑动面的总体控制层位。滑坡的滑动面剖面形状为近似圆弧形。

3. 滑床

滑床为新近系上新统灞河组棕红色红黏土，硬塑状，团粒结构，土质均一，成分以黏粒为主，局部夹砂卵石及圆砾。滑床后部坡度为 35° ～ 60°，滑床中、前部接近水平。泥岩呈棕红色，弱成岩，泥质结构，块状构造，遇水软化分解。

4. 地形地貌

场地总体地势由东北向西南逐渐降低，即位于黄土台塬与阶地的过渡斜坡地段，微地貌为斜坡，原始斜坡呈上陡下缓的形态特征，陡坡为土质边坡，滑坡前缘临空，具有很好的临空面，斜坡高程为 570～760m，相对高差为 190～200m，斜坡长约 250m，宽约 800m，坡度为 25°～35°，总体植被覆盖较好。斜坡上陡下缓，上部坡度约为 35°，斜坡上部为耕地及村庄，该区斜坡平缓开阔，高程为 710～730m，地层岩性主要为第四系上新统—中更新统的风积黄土和残积古土壤（Q_3^{eol}、Q_2^{eol}），地层层厚较大，结构稳定。斜坡上部后缘形成高约 30m 的临空面，坡度大于 60°，斜坡中部为一宽平台，平台宽度为 25～40m，高程为 590～610m，主要分 2 级台阶，台阶高度为 3～10m。该区原为农村城乡居民区，村民房屋依坎修建，该区村民大部分已搬迁至市区，但房屋尚未拆除，该平台后缘引渭渠从该处以隧洞形式通过。滑坡前缘边坡较陡立，局部存在临空面，与渭河一级阶地后缘相接，受河水侵蚀，滑坡前缘大量物质被冲刷掉，形成滑坡前缘高 30～50m 的陡坡，经长期的人类活动，该区域地貌已有很大改变。坡脚历史上修建了 24 孔青砖箍砌窑洞工厂，深度为 20～100m，目前该窑洞已进行重修，被国家文物局列为工业遗址进行保护。

图 3.28　长乐塬滑坡灾害点区位分布图

3.7.2 治理工程措施

该滑坡防治工程分级为Ⅰ级，主要治理工程措施：在长乐塬滑坡坡面设置截水沟、排水沟，以疏导地表水。对B1～B7崩塌的整体治理思路以"削、挡、排""坡面护理"等防护工程为主。滑坡治理前、治理中和治理后的现场照片分别如图3.29、图3.30和图3.31所示。

(a)

(b)

(c)

(d)

图 3.29　滑坡治理前的现场照片

(a)

(b)

(c)

(d)

(e)

(f)

图 3.30 滑坡治理过程中的现场照片

图 3.31　滑坡治理后的现场照片

1. 长乐塬滑坡治理

鉴于该滑坡整体稳定、坡面汇水面积较大的特征，在滑坡上部修建截水沟、排水沟，均采用 C20 混凝土浇筑。其中截水沟长度为 1124m，截面呈倒梯形，净尺寸为 0.8m（上口）×0.4m（下口）×0.4m（高度），壁厚为 0.3m；排水沟长度为 2230m，截面呈矩形，净尺寸为 0.3m×0.3m，壁厚为 0.2m。截水沟、排水沟底部铺设土工布，用于防渗处理。

2. 崩塌治理

对 B1～B7 崩塌主要采用刷坡、浆砌石拱形骨架护坡、挡墙、锚杆框架梁、截水、排水等工程进行防护。

B1、B2 和 B5 崩塌治理：主要采用刷坡、挡墙、截水、排水等工程进行防护，其治理方法见表 3.1。

B3 和 B7 崩塌治理：主要采用刷坡、锚杆框架护坡、挡墙、排水等工程措施进行治理，其治理方法见表 3.2。

B4 和 B6 崩塌治理：主要采用刷坡、浆砌石拱形骨架护坡、排水、绿化等工程措施进行治理，其治理方法见表 3.3。

表 3.1　B1、B2 和 B5 崩塌治理方法

灾害体名称	工程措施		
	刷坡	挡墙	截水和排水
B1	挡墙按坡率1∶0.10修整，挡墙上坡顶进行刷坡，刷坡坡比为1∶0.75	挡墙形式采用Ⅰ型挡墙，长度为83.0m，墙高为5.0m，基础埋深为1.0m，外露高度为4.0m，面坡坡比为1∶0.3，背坡坡比为1∶0.1，顶宽为0.6m，底宽为1.6m	在挡土墙坡脚设置排水沟，排水沟采用矩形断面，内尺寸为0.3m×0.3m，壁厚为0.2m，采用C20混凝土浇筑
B2	挡墙按坡率1∶0.10修整，挡墙上坡顶进行刷坡，刷坡坡比为1∶0.75	挡墙形式采用Ⅱ型挡墙，长度为17.6m，墙高为7.0m，基础埋深为1.0m，外露高度为6m，面坡坡比为1∶0.3，背坡坡比为1∶0.1，顶宽为0.6m，底宽为2.0m	在挡土墙坡脚设置排水沟，排水沟采用矩形断面，内尺寸为0.3m×0.3m，壁厚为0.3m，采用C20混凝土浇筑
B5	挡墙按坡率1∶0.10修整，挡墙上坡顶进行刷坡，刷坡坡比为1∶0.75	挡墙形式采用Ⅰ型挡墙，长度为68.0m，墙高为5.0m，基础埋深为1.0m，外露高度为4.0m，面坡坡比为1∶0.3，背坡坡比为1∶0.1，顶宽为0.6m，底宽为1.60m	在挡土墙坡脚设置排水沟，排水沟采用矩形断面，内尺寸为0.3m×0.3m，壁厚为0.2m，采用C20混凝土浇筑

表 3.2　B3 和 B7 崩塌治理方法

灾害体名称	工程措施			
	刷坡	锚杆框架梁	挡墙	截水和排水
B3	挡墙按坡率1∶0.10修整，挡墙上坡顶进行刷坡，刷坡坡比为1∶0.75，锚杆框架梁按坡率1∶0.50修整	框架梁锚杆水平、法向间距均为3.0m，锚杆倾角为22°，锚固体直径为130mm，长度为9m。土体与锚固体黏结强度特征值按规范规定取35.0kPa	采用Ⅱ型挡土墙，墙高为7.0m，基础埋深为1.0m，外露高度为6m，面坡坡比为1∶0.3，背坡坡比为1∶0.1，顶宽为0.6m，底宽为2.0m	排水沟采用矩形断面，内尺寸为0.3m×0.3m，壁厚为0.2m。采用C20混凝土浇筑
B7	锚杆框架梁按坡率1∶0.10修整，加固挡墙梁上边坡，刷坡坡比为1∶1	框架梁锚杆水平、法向间距均为3.0m，锚杆倾角为22°，锚固体直径为130mm，长度为9m。土体与锚固体黏结强度特征值按规范规定取35.0kPa	—	坡脚和坡顶各设置1道排水沟，排水沟采用矩形断面，内尺寸为0.3m×0.3m，壁厚为0.2m，采用C20混凝土浇筑

表 3.3　B4 和 B6 崩塌治理方法

灾害体名称	工程措施		
	刷坡	浆砌石拱形骨架护坡	截水和排水
B4	挡墙按坡率1∶0.10修整，挡墙上坡顶进行刷坡，刷坡坡比为1∶0.75	挡墙形式采用Ⅰ型挡墙，长度为83.0m，墙高为5.0m，基础埋深为1.0m，外露高度为4.0m，面坡坡比为1∶0.3，背坡坡比为1∶0.1，顶宽为0.6m，底宽为1.6m	在挡土墙坡脚设置排水沟，排水沟采用矩形断面，内尺寸为0.3m×0.3m，壁厚为0.2m，采用C20混凝土浇筑
B6	根据拟建工程挡墙要求对原始斜坡进行坡面修整，拱形骨架按坡率1∶1修整	拱形格构采用M10浆砌片石砌筑，拱形格构厚度为30cm，植草绿化。拱形骨架净距宽×高为3.0m×3.0m，主骨架截面为U形，宽度为0.5m	拱形骨架坡底处设置排水沟，排水沟采用矩形断面，内尺寸为0.3m×0.3m，壁厚为0.2m，采用C20混凝土浇筑

3.7.3　治理效果分析评价

经济效益：本项目实施后，解除了该地区滑坡灾害对14户、27人、37间房屋生命财

产安全的威胁,通过对滑坡进行工程治理,投入800.01万元,保证了10850万元的财产安全,可计算出治理工程的投入产出比达0.073。治理后,能够促进当地经济快速发展,且治理工程的投入产出比高,经济效益显著。

环境效益: 项目实施后,边坡陡立面减少,斜坡面积增大,待自然播种或后期人工绿化后,绿化面积将大大增加,减少垮塌的发生,改善当地日益恶化的生态环境,能保护区内社会安定,为村民提供安全、舒适的生存环境。

社会效益: 通过对滑坡的治理,消除地质灾害隐患,保证当地群众的生产生活和企业、事业单位的正常运行,使其能按照党中央和各级政府部门的要求进行社会发展,将灾后损失尽可能降低,减小政府负担,使当地社会和谐稳定。通过对滑坡的治理,可以保障团结村14户、27人的生命安全,减少群众的心理负担,使人民群众能够全身心地投入到发展生产中去,保证当地社会的安定团结,从而化解各种矛盾,融洽干群关系,提高政府公信力,营造和谐稳定的社会氛围,促进社会稳定。该区为文物保护地,同时坡体下部人员密集,通过对滑坡体的治理,可以保证人员和文物保护地的安全,使群众安心生产生活,体现政府一切为民的执政理念。

存在问题: 一是沟道阻塞,在截、排水沟沉积有黄土和杂物;二是坡体防护功能失效,坡面冲蚀形成沟壑和坑洞。

3.8 案例8:武功县武功镇牛家河组、玮环组崩塌治理项目

3.8.1 灾害基本特征

武功县武功镇牛家河组、玮环组崩塌治理项目位于武功镇八一村。该崩塌属黄土崩塌,崩塌体宽度为1383m,高度为8~29m,坡度近乎直立,局部坡度稍缓,厚度为3~6m,总体积约$11.02 \times 10^4 m^3$,为大型黄土崩塌,该崩塌被X227县道切割可分为南北两段,北段宽度为660m、崩向为190°,南段宽度为723m、崩向为220°。该崩塌体节理裂隙发育,局部裂隙贯通形成黄土"分离体",坡体上部发育大量落水洞,坡体下部房后均有窑洞分布。该崩塌体未安装相关专业监测设备,最近几年来在暴雨和持续降雨的诱发下,垮塌及小型崩塌时有发生,比较大的垮塌发生在2013年、2015年及2020年,2013年因强降雨发生的垮塌,垮塌方量约为1200m³;2015年发生的较大规模垮塌,垮塌方量约为1500m³;

2020年7月再次发生滑塌现象，垮塌方量约为700m³。以上3次较大规模的垮塌累计造成30万元的经济损失，但所幸均未造成人员伤亡，随着崩塌规模不断扩大，坍塌日益加剧，对当地的地质环境造成了一定的影响，崩塌体出现整体失稳的可能性较大。

崩塌形成机制分析：崩塌体所处地貌为黄土塬区，微地貌类型为黄土陡坎，形成陡坎的最主要原因为村民在黄土塬前集中开挖窑洞和削坡建房。该崩塌基本沿村民削坡建房区分布，在平面上沿坡脚呈条带状分布，在剖面上呈台坎状，厚度为3~7m，台坎坡度为75°~85°（图3.32）。崩塌体以X227县道为界整体可分为南北两段：北段宽度为660m，崩塌体高度为9~29m，厚度为4~7m，体积约6.59×10⁴m³，崩向为190°（图3.33）；南段宽度为723m，崩塌体高度为12~16m，厚度为3~5m，体积约4.43×10⁴m³，崩向为220°，总体积约11.02×10⁴m³，为一大型黄土崩塌（图3.34）。崩塌体的物质组成主要为第四系中—上更新统的风积黄土（Q_2^{eol}、Q_3^{eol}），因长时间受雨水冲刷，坡面垂直节理裂隙较发育。崩塌体上部主要为农业耕地及养殖场，地形较为平坦。在治理

图3.32 崩塌治理区的远景卫星图

区南段，崩塌体上部主要为耕地，受常年农业灌溉影响，灌溉频率为每年 2 ～ 3 次，该段崩塌体多发育落水洞，下部为村民自建房屋，房屋距崩塌体 0.5 ～ 2.0m，个别房屋与崩塌体紧邻，房后为开挖坡脚形成的窑洞，经统计，崩塌区内共计有 130 孔窑洞。

图 3.33 崩塌治理区北段地形地貌航拍图

图 3.34 崩塌治理区南段地形地貌航拍图

3.8.2 治理工程措施

该崩塌防治工程分级为Ⅰ级，主要治理工程措施：削坡＋窑洞、落水洞封填＋挡墙＋拱形骨架护坡＋截水和排水＋绿化＋监测。

主要工程量：裂缝、落水洞回填体积约220m³；坡面削方挖运土方约 $9.5 \times 10^4 m^3$；挡墙长度为1300m；拱形骨架护坡长度为1860m；回填窑洞 130 处；Ⅰ型排水沟长度为607m，Ⅱ型排水沟长度为460m，Ⅲ型截水沟和排水沟共850m，消力池 4 个；混凝土监测墩共计 12 个。该崩塌治理工程实施前、实施中，以及完成后的远景和现场照片分别如图 3.35 ～图 3.37、图 3.38 ～图 3.40 和图 3.41 所示。

1. 削坡

由于崩塌体距离民房较近，为方便施工和削除开裂窑洞，挡土墙墙趾距离房屋距离原则上不小于2m。自挡土墙顶部开始削坡，分1 ～ 3 级进行削坡，削坡坡比为1∶0.75，第一级坡高为 3m，第二、三级坡高均为 9m，依地势进行削坡，最后一级一坡到顶，台阶高为 8m，平台宽度为 3m，削方平台设置向内坡比为 3%。削方量合计约 $8.7 \times 10^4 m^3$。采用逆作法施工，自上而下分层卸载。

图 3.35　崩塌治理区治理前的整体航拍图

图 3.36　崩塌治理区北段治理前的局部航拍图（航拍北段局部）

图 3.37　崩塌治理区南段治理前局部航拍图

图 3.38　崩塌治理中挡土墙浇筑混凝土的现场照片

图 3.39　崩塌治理中拱形骨架刻土施工现场照片

图 3.40 崩塌治理中平台排水沟浇筑混凝土的现场照片

图 3.41 崩塌治理工程完成后拱形骨架坡面的远景照片

2. 窑洞、落水洞封填

窑洞对边坡土体结构破坏较大，并可能诱发边坡失稳，因此治理工程对坡体下部的窑洞进行封填。采用 37 砖墙①进行窑洞封填，纵向在中间设置 1 堵砖墙，横向由内而外设置 1～6 堵砖墙，形成"丰"字形框格支撑架，对窑洞顶部进行支护，防止窑洞垮塌。砖墙采用黏土砖砌筑，砌筑砂浆为 M10，砌筑方法为一顺一丁砌筑法，顶部与窑洞顶接触部位可用碎块挤压填实。砖墙框格内采用土袋充填，装土时需进行压实，压实系数不小于 0.85，本次共封填 130 孔窑洞，在对窑洞进行封填时须对窑洞内部的连接地道等空间一并封填，严禁漏封。对落水洞采用水泥土分层填筑、分层夯实的方法，压实系数不小于 0.9，本次共夯填 15 处落水洞。

3. 挡墙

崩塌体下部设置挡墙，墙脚在地面以上墙高为 3.0～6.5m，挡墙顶宽为 0.6m，面坡坡度为 1∶0.3，背坡坡度为 1∶0.1，墙底 0.1∶1，基础埋深达 1.0m，基底采用水泥土垫层进行处理，挡墙长度为 1308m，挡墙高度根据排水方向以及现有地形调整。墙身材料为 C20 毛石混凝土，毛石与混凝土比例为 4∶6。墙体预留圆形泄水孔，间距为 1.5m，水平、竖向间距均为 1.5m，梅花形布置。墙后设置厚度为 30cm 的反滤层，使用砂砾石等透水性材料。墙身每隔 10m 设置一道伸缩缝，缝宽为 2cm，用沥青木板塞紧。具体位置可根据实际情况进行适当调整。挡墙施工应分段开挖，分段施工，分段长度不得大于 5m，防止施工诱发崩滑。砖墙砌筑采用一顺一丁砌筑法，墙身为 37 砖墙，墙宽为两砖宽，与原有砖墙墙高保持一致，砖墙长度为 30.5m。

4. 拱形骨架护坡

对崩塌区域削坡形成的 1∶0.75 坡面采取拱形骨架护坡法。设计两种拱形骨架护坡形式：第一种为第一级坡使用的 Ⅰ 型骨架护坡，骨架网格断面呈弧形，尺寸为 3.0m×3.0m，骨架采用 C20 混凝土浇筑，宽度为 0.3m，厚度为 0.1m；第二种为第二、三级坡使用的 Ⅰ 型骨架护坡，厚度比第一级坡使用的骨架护坡更厚，骨架网格断面呈弧形，尺寸为 3.0m×3.0m，骨架采用 C20 混凝土浇筑，宽度为 0.3m，厚度为 0.3m。骨架网格完工后，将草籽与土料混合填筑于框架内，为避免强降雨对坡面的冲刷，须对土料进行压实，压实系数不小于 0.80。因该崩塌存在较多窑洞，当拱形骨架基础坐落在窑洞洞顶时，需对其使用浆砌石基座进行护底，基础须进行夯实，基座尺寸分别较拱形骨架基础长 0.5m、

---

① 370mm 厚度的砖墙。

1.0m，两侧坡比均为 1∶0.3，宽度则与窑洞的宽度保持一致，高度则按实际情况进行调整，基座底为窑洞洞底，其余部分则与其他窑洞的回填方法一致。拱形骨架每 13.8m 设置一道宽度为 2cm 的伸缩缝，用浸沥青木板填充。骨架嵌入坡面深度为 20cm，另每隔 56m 设置一道混凝土踏步，另在有排水需要的地方加设混凝土踏步，踏步两侧各设一道伸缩缝，平台内采用 I 型排水渠实现排水。

5. 排水系统

崩塌治理区根据地形设计截水沟、排水沟、急流槽，截水沟主要布置在北部崩塌体养殖场上部；排水沟主要设置在坡体前缘、沟道内；急流槽设置在高差较大地段。

6. 绿化

主要是对削坡后的平台和坡面进行绿化，改善表层土体结构，减少雨水对坡面的冲刷，同时达到美化项目区环境的目的。马道平台处种植侧柏和黄刺玫，拱形骨架拱顶种植攀爬植物五叶地锦，拱形骨架窗格内进行植草绿化防护。对坡面进行绿化，能够有效防止水土流失，保护环境，最终形成乔灌草结合的绿化效果。侧柏和黄刺玫间隔种植，株距为 1m，直线形布置，距平台边缘 1.2m，五叶地锦株距为 1m。侧柏选用高度为 2.0m、冠幅为 30～40cm、地径为 5cm 的植株，黄刺玫、五叶地锦选用 4 年生植株。将草种与种植土混合后填筑于框架内，混合土料约 15cm 厚，换填完成后须对土料进行压实，压实系数不小于 0.8；草种选用紫花苜蓿、小冠花，两种均为耐旱、耐贫瘠草种，在 A、B、C、J 段种植小冠花，其余坡段种植紫花苜蓿。养护期为 3 年，期间及时更换枯萎树木，及时浇水，为保证苗木成活，必须满足 3 遍透水；在养护期间根据树木生长情况适当施肥；在苗木栽植的当年若遇连续干旱、少雨情况，需人工及时补水，当年入冬需浇防冻水，来年春天，需浇返青水；注意病虫害的及时防治。后期管理工作由村委会负责。

7. 标识牌

在治理区南北两段各设置标识牌 2 个。北段 2 个标识牌分别位于治理区最西侧位置和由通村路进入治理区位置；南段 2 个标识牌分别位于由 X227 县道进入治理区位置和治理区最南侧位置。

3.8.3　治理效果分析评价

经济效益： 本项目实施后有效保护 147 户、645 人、657 间房屋和财产 4400 万元，通过治理项目的实施，不仅能最大限度地减小损失，保证群众的安居乐业和生产建设的正常进行，而且能促进当地经济的持续快速增长，有利于广大群众致富奔小康，还可促使该地区生产、生活及生态环境得到较大改善，为本区步入资源开发与环境保护、促进其他产业发展良性循环的经济与环境共同发展之路打下基础，经济效益将是长远的。

环境效益： 通过对该崩塌的治理，最大限度地减少水土流失，减少植被破坏，美化村民人居环境，促进生态环境进一步改善，并趋于良性循环，其环境效益可观。

社会效益： 地质灾害治理项目最大的效益是社会效益。通过对当地居民的调查走访，当地居民对该崩塌体的治理意愿强烈，该崩塌体对当地居民的正常生活已构成严重的威胁，每逢强降雨天气，当地居民便提心吊胆，常年生活在该崩塌体的安全隐患下。该崩塌治理项目的完成能够保持当地社会的安定团结，消除群众的心理隐患，从而化解各种矛盾，提高政府公信力，营造和谐稳定的社会氛围，促进社会主义新农村建设，也将是各级相关部门履行"与时俱进"思想路线、构建"和谐社会"的真实写照，社会效益巨大。

存在问题： 一是植被恢复不到位；二是沟道阻塞，在截水沟和排水沟沉积有黄土和杂物。

3.9　案例 9：潼关县城关镇吴村东菜市场崩塌治理工程

3.9.1　灾害基本特征

潼关县城关镇吴村东菜市场崩塌位于渭南市潼关县城关街道吴村，崩塌体整体地貌及地层分别如图 3.42 和图 3.43 所示。地理坐标为东经 110°15′02″，北纬 34°32′42″，该崩塌体宽度为 278m，高度为 13～34m，厚度为 2～5m，体积约 $3.2 \times 10^4 m^3$，属中型黄土崩塌。严重威胁坡体上方城关镇吴村东居民 88 户、321 人、560 间砖房，以及长度约 250m 的原 310 国道，潜在经济损失达 5200 万元，吴村东菜市场崩塌防治工程地质灾害险情等级划分属大型。

崩塌形成机制分析：

吴村东菜市场崩塌根据形态特征可分为 A 段、B 段、C 段和 D 段（图 3.42）。治理前崩塌体的远景照片如图 3.44 和图 3.45 所示。

图 3.42　崩塌体整体地貌（镜向 240°）

图 3.43　崩塌体地层（镜向 290°）

A 段崩塌体高度为 13 ～ 26m，宽约 105m，厚度为 3 ～ 5m，体积约 $0.8 \times 10^4 m^3$，崩塌体崩向为 94° ～ 121°，坡度为 46° ～ 85°，平面形态近似呈折线形，局部沿居民房屋而向坡体一侧有不同偏移，崩塌体的组成物质为中—上更新统黄土，竖向节理、裂隙发育，坡面由于雨水的冲刷，形成了 4 条冲沟，冲沟形成后已由当地政府部门用水泥砂浆填充。

图 3.44　崩塌治理前 A 段、B 段、C 段的远景照片

图 3.45　崩塌治理前 D 段的远景照片

由于该段崩塌体在治理时距离当地政府部门应急治理的时间较短，草本植物基本不发育，该崩塌体在未进行应急处理时，属倾倒式崩塌；虽已由当地政府部门进行了应急处理，但整体坡度很陡，不能达到规范要求，应急处理后属滑移式崩塌。A 段坡体在进行应急处理前坡度较陡，为 50°～85°，中间有一宽度约 3m 的缓坡，坡体上部民房和坡口之间直线距离在 0～5m。

现状条件下 A 段坡体北部呈陡坎状，高度在 13～15m 区间内，坡度在 80°～85°范围内，坡体自顶部以下 3m 范围内有少量草本植被发育。中部呈 3 级台阶状，其中坡脚为 2m 高浆砌石挡土墙，一级台阶高度为 3.5～4.5m，坡度为 46°，一级平台宽度在 1.8m 左右；二级台阶高度为 7.5～8.0m，坡度为 56°，二级平台宽度在 1.5m 左右；三级台阶高约 4.7～10.0m，坡度为 56°，该段坡体上无植被发育。南部呈斜坡状，高度在 26m 左右，坡度上缓下陡，中上部分布有浅层生活垃圾，坡面整体植被发育程度较好，主要为草本植物。

B 段坡体高度为 24～32m，宽度为 40m，厚约 2～4m，体积约 $0.4×10^4m^3$，崩塌体崩向在 91°左右，现状条件下整体呈 2～3 级台阶状。其中，一级台阶高度为 15～18m，坡度在 45°左右，一级平台宽度为 1.5～2.5m；二级台阶高度为 8～10m，坡度在 45°左右，二级平台宽约 3.5m；三级台阶高度约 3.0m，坡度在 60°左右。平面形态呈弧状，崩塌体的组成物质为中—上更新统黄土，坡面由于雨水冲刷，分布有 3 个规模较大的落水洞及多条细小冲沟。在当地政府部门进行应急治理前，该段坡顶地面发育少量裂缝，在应急治理工程中已将裂缝削除，坡面有少量草本植被发育，该崩塌体在未进行应急处理时属倾倒式崩塌，虽已由当地政府部门进行了应急处理，但处理时台阶高度过高，无法满足规范要求，应急处理后属滑移式崩塌。

C 段坡体高度约 32.0m，宽度约 32m，厚度为 2～5m，体积约 $0.35×10^4m^3$，崩向在 81°左右，坡口线呈弧形，坡体中上部分布大量生活垃圾，上部坡度较陡，局部呈近直立状态。崩塌体的组成物质为中—上更新统黄土，坡体中部分布有大量裂隙，坡脚时有小规模塌落，坡体下部填土区发育有大量草本植物。该崩塌体上部属倾倒式崩塌，下部属滑移式崩塌。

D 段坡体高度为 14～31m，宽度约 87m，厚度为 3～6m，体积约 $1.65×10^4m^3$，崩向在 89°左右，坡口线呈折线形，崩塌体的组成物质为中—上更新统黄土，坡体上部分布有大量裂隙，坡面草本植被发育，受雨水冲刷影响，部分土体有下滑痕迹，植物歪斜生长，局部发育危土体和大量拉张裂隙，该崩塌体整体属复合型崩塌（倾倒式和滑移式崩塌），局部会发生滑移变化。

崩塌体坡顶紧邻民房院落，人口非常密集，坡脚为原 310 国道，该崩塌体对坡体顶部共 88 户、321 人、560 间砖房，以及坡脚道路、行人、车辆造成了严重的威胁。

吴村东菜市场崩塌的坡型为凸型和凹型相结合，坡度主要分布在 60°～90° 范围内，坡向整体向东，斜坡类型为黄土斜坡，受风化、人类工程活动影响发生崩塌。崩塌体垂直节理和危土体强烈发育，中间部分土体呈直立柱状黄土。坡顶地面局部发育裂缝（已被应急处理），在 2019 年 7 月 13 日于 B 段和 12 月 23 日于 A 段各发生一次崩塌。

吴村东莱市场崩塌周边人口密集，人类生产活动强烈，对地质环境的破坏较大，人类工程活动主要为切坡修路建房。受地形条件限制及传统生活习惯的影响，区内房屋均依坡而建，坡顶密布民房。无序切坡建房、修路，破坏了原始斜坡的稳定性。几近直立的高耸陡坎在雨水冲蚀、冻融和风化作用下，随时可能产生崩塌等地质灾害，危及崩塌体上方人民群众和下部道路来往行人、车辆的生命和财产安全。

该崩塌体于 2019 年 7 月 13 日发生崩塌，长约 15m，高约 24m，厚约 0.8m，塌方体积约 288m³，导致在坡体下方车道行驶的中巴车侧翻，4 人受伤，长约 30m 的道路被掩埋，造成直接经济损失约 45 万元；2019 年 12 月 23 日中午，该段边坡再次发生崩塌，崩塌段宽约 16m，高约 12m，厚 0.5～2m，塌方体积约 120m³，损坏一间民房，掩埋 20m 长的通村道路，堵塞交通，幸而未造成人员伤亡，造成直接经济损失约 20 万元；自 2019 年 12 月 23 日至今，整个崩塌体未发生大的崩塌变形，但局部坡面受雨水冲刷形成了小的冲沟和落水洞。

3.9.2 治理工程措施

该崩塌防治工程分级为Ⅰ级，主要治理工程措施：削方减载法和支挡法相结合。治理工程完成后的现场照片如图 3.46 所示。

(a)

(b)

图 3.46　崩塌治理后的现场照片

A 段（下部道路及上部民房限制了工程布置范围）：桩板式挡土墙＋加筋土回填＋钢筋混凝土格构护坡＋绿化工程＋截水、排水＋监测工程；

B 段：重力式挡土墙＋坡面修整＋钢筋混凝土格构护坡＋绿化工程＋截水、排水＋监测工程；

C 段：重力式挡土墙＋生活垃圾清理＋削坡＋锚杆＋钢筋混凝土格构护坡＋绿化工程＋截水、排水＋监测工程；

D 段：重力式挡土墙＋削坡＋钢筋混凝土格构护坡＋绿化工程＋截水、排水＋监测工程。

（1）削方减载：对崩塌体按照建议的坡度（1：1～1：0.75）进行削方减载。

（2）加筋土回填：利用削方废土对 A 段和 C 段进行压脚回填。

（3）挡土墙支挡：采用浆砌石挡土墙和桩板墙进行支挡防护。

（4）钢筋混凝土格构护坡：在削坡后的坡面布置钢筋混凝土格构对坡面进行防护。

（5）锚杆：在 C 段上部边坡削坡后布置锚杆工程。

（6）截水、排水：对削坡后的平台及坡体纵向布置排水措施，沿削坡口线以外布置截水措施。

（7）坡面绿化：坡面加固后，采用打孔种植灌木或植生袋的方案进行绿化。

（8）监测工程：对竣工后的工程进行一个水文年的监测。

3.9.3　治理效果分析评价

经济效益：通过该项目的实施，解除了崩塌灾害对城关镇吴村东居民 88 户、321 人、560 间砖房以及长度约 250m 的原 310 国道的威胁。

环境效益：通过对吴村东菜市场崩塌的治理，不仅可以消除安全隐患，而且可以美化乡村环境，营造幸福城区、美丽潼关。治理工程的实施，将改善潼河一带的自然景观，对保护塬边乡村文化有重大意义。

社会效益：地质灾害治理项目最大的效益是社会效益。通过该崩塌治理项目的实施，可以消除威胁，规避了潜在经济损失约 5200 万元，保持当地社会的安定团结，消除群众的心理隐患，从而化解各种矛盾，融洽干群关系，提高政府公信力，营造和谐稳定的社会氛围，促进社会主义新城镇的建设，社会效益巨大。

存在问题：一是，植被恢复不到位，一方面坡体局部水土流失，形成沟壑和坑洞；另一方面坡体陡立不利于土壤蓄水，植被恢复成效较低。二是，沟道阻塞，在截水沟、排水沟沉积有黄土和杂物。

3.10　案例 10：合阳县榆林村南滑坡

3.10.1　灾害基本特征

合阳县榆林村南滑坡治理工程位于合阳县百良镇伏蒙社区榆林村，地理坐标为东经 110°22′25.92″，北纬 35°17′21.7″。榆林村南滑坡按险情等级属中型地质灾害。该滑坡地质灾害隐患由 3 处滑坡、2 处崩塌组成，其主滑坡体长约 150m，前缘宽约 182m，厚度为 0～39m，滑向为 47°，体积约 $23.6 \times 10^4 m^3$。近年来，常有小规模的滑塌、崩落现象，特别是 2021 年雨季，该区域坡体发生了较大规模的溜滑现象，严重威胁榆林村村民的生命财产安全，共计威胁 54 户、222 人、545 间房屋，威胁财产 2192 万元，危险性大。滑坡体全貌如图 3.47 所示。

滑坡形成机制分析：

坡体中部发育一条近东西向冲沟，将坡体分为南北两段。

北段坡体分布在高程 330.3～449.1m 范围内，最大高差约 119m，总体坡度约 35°。坡体的坡脚、坡顶陡，坡度多大于 60°，局部近直立，坡脚陡坎高度为 7～18m，坡顶陡坎

图 3.47 滑坡体全貌的远景卫星图

高度为 10～35m; 中部坡面较缓, 坡度在 10°～20° 范围内, 呈梯田状, 台坎高度为 1～6m, 平台宽度为 2～15m, 向外缓倾。坡体的组成物质为中更新统黄土, 以及新近系粉质黏土和粉细砂层。坡脚紧邻榆林村民房院落, 坡面多为花椒树, 坡顶分布榆林村至百良镇通村公路。坡体滑塌变形破坏严重, 坡面裂缝冲沟发育, 坡面凌乱, 发育 1 处滑坡和 1 处崩塌地质灾害 (图 3.48)。

南段坡体分布在高程 330.1～454.0m 范围内, 最大高差约 124m, 总体坡度约 40°。坡体的坡脚呈陡坎状, 陡坎高度为 3～12m, 坡度多大于 60°, 局部近直立。坡脚的陡坎顶为一较宽平台, 宽度为 6～30m, 向外缓倾, 因上部坡面滑塌严重, 村民在该平台自行设置了宽度为 1～3m 的简易排洪、排泥沟。平台内侧向上坡体呈陡坡状, 坡度逐渐变大, 为 30°～60°, 局部近直立。坡体的组成物质为中更新统黄土, 以及新近系粉质黏土和粉细砂层。坡脚紧邻榆林村民房院落, 坡面裸露, 冲沟发育, 滑塌严重, 发育 2 处滑坡和 1 处崩塌地质灾害 (图 3.48)。

H1 滑坡位于北部坡体中上部, 滑坡长约 150m, 前缘宽约 182m, 厚度为 0～39m, 滑向为 47°, 体积约 $23.6 \times 10^4 m^3$ (图 3.48), 属中型深层古滑坡, 按滑动形式分类属牵引式滑坡。分布在高程 343～449m 范围内, 最大高差约 106m, 总体坡度约 30°。周界清晰,

图3.48 滑坡及崩塌灾害点分布示意图（俯视）

总体呈圈椅状，后缘陡坎高度为20～35m，前缘亦成陡坡状，高度为8～25m；坡面呈梯田状，台坎高度为1～6m，平台宽度为2～15m，向外缓倾。坡面裂缝发育，共发育14条裂缝，几乎每级台坎均有分布，走向与滑向垂直，延伸长度在15～50m范围内，多呈直线形，个别呈弧线形，1条呈圆环形，可能形成落水洞，裂缝宽度一般为3～5cm，局部达15cm，可见深度约1m。坡面小型滑塌变形破坏严重，每级台坎边缘均匀分布不同程度的垮塌，坡面凌乱。滑坡体的组成物质为粉质黏土，局部夹粉砂、半成岩状砂泥岩碎块，土质较均匀，结构松散。坡面植被覆盖情况差，主要为花椒树、侧柏、山杏、酸枣和杂草。2021年雨季，该滑坡体发生了较大规模滑塌，后壁陡坎垮塌土体堆积于坡面，前缘陡坎滑塌严重，冲毁坡脚村民院墙，幸未造成人员伤亡，造成直接经济损失约20万元。

H2滑坡位于南部坡体，滑坡长约140m，前缘宽约200m，厚度为2～5m，滑向为140°，体积约$4.2 \times 10^4 \mathrm{m}^3$（图3.48），该滑坡属小型浅层古滑坡，按滑动形式分类属牵引式滑坡。该滑坡分布在高程337～437m范围内，最大高差约100m，总体坡度约40°。该滑坡周界清晰，总体呈圈椅状，后缘陡坎高约20m，前缘坡脚亦成陡坎状，高度为3～8m。坡脚陡坎顶为一较宽平台，宽度在6～30m范围内，向外缓倾，因上部坡面滑塌严重，村民在该平台自行设置了宽度为1～3m的简易排洪、排泥沟。平台内侧向上坡体呈陡坡状，坡度逐渐变大，为30°～60°，局部近直立。坡体的组成物质为中更新统黄土，以及新近系粉质黏土和粉细砂层。从现场调查结果来看，该老滑坡滑体土在长期的降水冲刷侵蚀作用下已滑塌流失殆尽，仅在坡体中下部还有少量堆积。坡脚紧邻榆林村民房院落，坡面裸露，仅中下部有少量乔木及灌木分布，乔木无马刀树现象，但倾倒树木较多。坡面裂缝不甚发育，但冲沟发育，表层滑塌严重。2021年强降雨期间，发生了较大规模的表层滑塌，并在降水作用下形成泥流，冲进民房院落并冲进了村子中间的道路，造成直接经济损失约10万元，严重威胁村民的生命财产安全，并影响村民的生产生活。

H3滑坡位于中部冲沟沟口南侧坡体，滑坡长约35m，前缘宽约100m，厚度为0~3.5m，滑向为359°，体积约$0.6×10^4m^3$（图3.48），该滑坡属小型浅层堆积层新滑坡，按滑动形式分类属牵引式滑坡。该滑坡分布在高程345~470m范围内，最大高差约25m，总体坡度约40°，下缓上陡。该滑坡周界清晰，总体呈圆弧形，后缘陡坎高度为1~2m，前缘坡脚呈缓坡状。坡体的组成物质为新近系粉质黏土和粉细砂层。坡脚紧邻榆林村民房院落，坡面裸露，仅中下部有少量乔木分布，乔木无马刀树现象但倾倒树木较多。坡面裂缝不发育，表层滑塌严重。2021年强降雨期间，发生了较大规模表层滑塌，涌入了坡脚民房院落内，大树倾倒架空在民房顶，造成直接经济损失约5万元，严重威胁村民的生命财产安全，并影响村民的生产生活。

B1崩塌位于中部冲沟北侧坡体下部，宽约115m，高度为7~20m，厚度为3~5m，规模约$0.54×10^4m^3$，为小型土质崩塌，崩向为90°（图3.48）。该崩塌平面形态呈折线形，坡度在60°~70°范围内，局部呈陡坎状，坡面裸露植被覆盖情况差。崩塌体的组成物质为新近系粉质黏土、粉细砂层，下部粉细砂层在降水及地下水的不断侵蚀下逐渐被掏空，上部土体失去支撑而不断垮塌，属滑移式崩塌。坡顶发育1条平行坡体走向的裂缝，延伸长度约20m，张开宽度为3~5cm，可见深度约0.8m。崩塌体中段在2021年9月发生崩塌，崩塌量约20m³，砸毁了坡脚村民院墙。崩塌体坡脚紧邻合阳县榆林村民房院落，坡顶为花椒地，崩塌体对人民生命财产威胁大。

B2崩塌位于中部冲沟南侧坡体下部，宽约150m，高度为7~13m，厚度为2~5m，规模约$0.52×10^4m^3$，为小型土质崩塌，崩向为95°~150°（图3.48）。该崩塌平面形态呈折线形，坡度约70°，局部近直立状，坡面裸露植被覆盖情况差。崩塌体的组成物质为新近系粉质黏土、粉细砂层，下部粉细砂层在降水及地下水的不断侵蚀下逐渐被掏空，上部土体失去支撑而不断垮塌，属滑移式崩塌。坡顶发育1条平行坡体走向的裂缝，延伸长度约15m，张开宽度为3~5cm，可见深度约0.8m。2021年9月强降雨期间，该崩塌发生多处小型崩落，伴随雨水涌入民房院落，幸未造成人员伤亡，但严重影响了村民的生产生活。崩塌体坡脚紧邻合阳县榆林村民房院落，坡顶为荒地，对人民生命财产威胁大。

3.10.2 治理工程措施

该滑坡防治工程分级为Ⅰ级，主要治理工程措施包括坡面整理、削方、裂缝回填、重力式挡土墙（抗滑桩）、坡面防护（锚杆框架梁＋拱形骨架护坡）、截水沟、排水沟、挂网喷播、绿化工程、监测等工程。滑坡体治理前和治理后的现场照片分别如图3.49～图3.52和图3.53所示。

H1 滑坡：坡面整理＋裂缝回填＋重力式挡土墙（抗滑桩）＋坡面防护（锚杆框架梁＋拱形骨架护坡）＋截水沟、排水沟＋绿化工程＋监测；

B1 崩塌：边坡修整＋重力式挡土墙＋坡面防护（拱形骨架护坡）＋截水沟、排水沟＋绿化工程；

H3 滑坡：边坡修整＋重力式挡土墙＋排水沟＋绿化工程；

B2 崩塌：边坡修整＋重力式挡土墙＋坡面防护（拱形骨架护坡）＋截水沟、排水沟＋绿化工程；

H2 滑坡：坡面整理＋重力式挡土墙＋截水沟、排水沟＋挂网喷播＋绿化工程＋监测。

图 3.49 治理前榆林村南滑坡的原始地貌

图 3.50　滑坡治理前 B1 崩塌区全貌

图 3.51　滑坡治理前 H1 滑坡区南侧陡坎的原始地貌

图 3.52　滑坡治理前 H2 滑坡区北侧的原始地貌

图 3.53　滑坡治理后的拱形骨架护坡

3.10.3 治理效果分析评价

经济效益：本项目实施后，消除了滑坡体对坡脚村民 54 户、222 人、545 间房屋的威胁，可避免 2192 万元的直接经济损失。能够使当地居民安居乐业，得到了当地政府、群众的一致好评

环境效益：通过工程治理的事实，可使坡面植被自然生长，减少治理区及周边的水土流失，优化治理区的自然生态环境，最大限度地避免或减轻滑坡地质灾害对区域土地资源及地形地貌的影响，保护了人们赖以生存的环境，提高了本地区的环境质量。

社会效益：合阳县榆林村南滑坡地质灾害治理工程的实施，基本消除了滑坡地质灾害对当地群众的威胁，保障了周边居民良好的生活环境。

存在问题：一是植被恢复成效较低；二是沟道阻塞，在截水沟、排水沟沉积有黄土和杂物。

3.11 案例 11：西安市长安区华严寺崩塌

3.11.1 灾害基本特征

华严寺崩塌治理工程位于陕西省西安市长安区韦曲东南少陵塬半坡上，崩塌体发育于寺庙平台与塬顶平台之间。华严寺崩塌灾害体近东西向展布，西侧以关公庙为界，东侧以寺庙东边界墙为界，宽约 320m，高约 40m，厚度为 8 ～ 15m，主崩方向为 210°，体积约 $1.47 \times 10^5 m^3$。2011 年 5 月 20 日～ 22 日，西安地区连降大雨，因降雨量太大，华严寺出现了严重的基础塌陷事故。5 月 22 日 15 点，华严寺主体建筑止观堂和重光居前面 60 多平方米的基础整体塌陷，塌方险情已经对寺院建筑和住寺人员的生命财产安全构成极大威胁。华严寺崩塌区域全貌如图 3.54 和图 3.55 所示。

崩塌形成机制分析：华严寺北侧崩塌体的物质组成主要为离石黄土、马兰黄土，其土性软弱，含有大量结构面，加之黄土中垂直节理、裂隙较为发育，使得黄土具有较强的崩解性。华严寺北侧坡体均为高陡边坡，坡体高度为 35 ～ 40m，最小坡度在 50° 左右，部分坡体已形成直立陡坎，为华严寺崩塌的产生提供了良好的地形条件。华严寺北侧坡体表面植被稀疏，部分坡体植被裸露，加之坡体缺乏排水设施，使得大气降雨和地表汇水直接作用于坡体，导致土体重度增大，抗剪强度降低，坡体稳定性变差。为扩大建筑

规模，华严寺北西侧和南东侧进行了坡脚开挖，坡体结构遭到破坏，推动了崩塌灾害的发育。

图 3.54　崩塌区域的卫星影像图

图 3.55　华严寺黄土崩塌全貌（镜向 20°）

3.11.2 治理工程措施

该崩塌防治工程分级为Ⅰ级，主要治理工程措施：挡墙＋陡坡宽平台削坡＋格构护坡＋截水沟、排水沟＋绿化。崩塌治理前和治理中的现场照片分别如图3.56、图3.57和图3.58～图3.60所示，治理完成后不同角度的远景如图3.61所示。

(a)

(b)

图 3.56　崩塌治理前华严寺东侧原始地形

(a)

(b)

图 3.57　崩塌治理前华严寺西侧原始地形

(a)

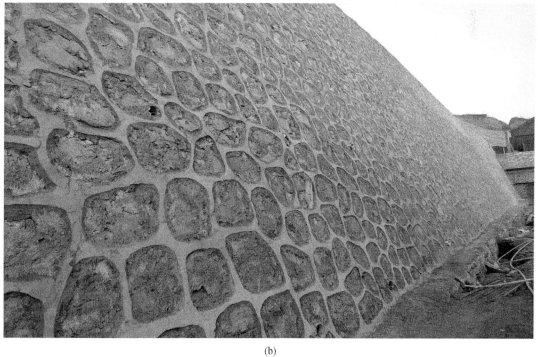

(b)

图 3.58　崩塌治理中挡墙施工过程的现场照片

图 3.59 崩塌治理中格构施工的现场照片

图 3.60 崩塌治理中排水沟施工的现场照片

(a)

(b)

图 3.61　崩塌治理后治理区不同角度的远景照片

（1）挡墙：在 K0+000 ～ K0+391.97 段修建挡墙，长度为 391.97m，注意各段、各型挡墙渐变过渡衔接，墙趾墙面弧形顺接，避免直线突变衔接。

（2）陡坡宽平台削坡：从挡墙顶部到塬顶平台坡口，采用 1∶1 至 1∶0.75 坡率进行一至四级削坡，设置一至三级平台。削坡依设计断面圆顺相接。

（3）格构护坡：削坡后的一至四级坡体上采用矩形格构护坡，矩形格构框架内绿化。

（4）截水沟、排水沟：在 K0+000 ～ K0+391.97m 段修建墙前 M10 浆砌块石排水沟；在削坡后的各级平台上修建平台排水沟；在削坡后最后一级平台坡口外 3 ～ 5m 处修建截水沟，部分截水沟外侧布设防护栏杆，防止行人失足跌落。

3.11.3　治理效果分析评价

经济效益：西安市长安区华严寺崩塌灾害直接威胁寺庙建筑、僧人、周边道路，以及塬顶和坡脚人员安全，一旦崩塌灾害发生，易造成"群死群伤"事故，并造成一定经济损失。因此，对其进行治理经济效益显著。

环境效益：通过该治理工程改善当地地质环境条件，在减轻乃至消除崩塌灾害对斜坡环境的危害的同时，辅以坡面绿化工程，可带来良好的环境效益。

社会效益：2011 ～ 2019 年期间，华严寺北侧崩塌体一直处于变形之中，时刻威胁寺庙及僧人安全。对该灾害进行治理，可以充分体现党和国家对人民的关怀、对文物保护的重视程度，同时也实现了人与自然和谐相处、经济可持续发展的目标，工程治理后，可消除安全隐患，稳定民心。

存在问题：一是植被恢复不到位，格构坡体局部水土流失，坡体陡立不利于土壤蓄水，植被恢复成效较低；二是沟道阻塞，在截水沟、排水沟沉积有黄土和杂物。

3.12　案例 12：子洲县枣林山滑坡

3.12.1　灾害基本特征

子洲县枣林山滑坡治理工程位于子洲县双湖峪镇曹家沟村枣林山南侧黄土边坡上，该滑坡现状稳定性差，一旦边坡发生大面积滑塌，将直接威胁边坡下部子洲县双湖峪镇曹家沟村 56 户、155 人，威胁房屋 93 间，威胁资产 1025 万元。坡脚中心地理坐标为东经

110°04'46.0″，北纬 37°41'6.0″，该隐患点长度约 80m，宽度约 200m，厚度约 10m，体积约 $1.6 \times 10^5 m^3$，规模等级为中型。岩性主要为第四系中—上更新统黄土，属于中型土质滑坡。坡面表层岩土体破碎，多处地段可见陡坎，土体裂隙发育，局部土体因坡脚开挖在重力等作用下发生滑塌的现象较为明显。滑坡体远景如图 3.62 所示。

图 3.62　枣林山滑坡全景照片

滑坡形成机制分析：子洲县枣林山滑坡属于黄土墚峁丘陵区，位于沟道右岸，地形起伏大，背山邻河，滑坡所在山体高程介于 920m 和 1020m 之间，区内植被覆盖率较高，地形破碎，坡体下部人口密集、人类工程活动强烈，山包顶部几近平缓，被整平成阶梯状耕地。滑坡分布高程范围为 935 ～ 993m，相对高差约 58m，滑坡所处坡体坡向为190° ～ 250°，滑坡所在坡体整体呈上缓下陡的态势，上部坡度较缓，坡度在 10° ～ 15°范围内，下部坡度在 40° ～ 60° 范围内，其中高程在 940m 以下部分以人类工程活动剧烈，多为开挖山体、削坡建房，局部削坡坡度大于 60°，滑坡体坡面受雨水冲刷较为严重，发育 3 条较大的冲沟。

子洲县枣林山滑坡位于子洲县双湖峪镇曹家沟村枣林山南侧黄土边坡上，由 3 个滑坡组成，分别是主滑坡体 H1，次级滑坡体 H2、H3。主滑坡体 H1 纵长约 80m，横宽约270m，平面面积约 $1.47 \times 10^4 m^2$，平均厚度约 10m，体积约 $14.7 \times 10^4 m^3$，属于中型牵引式黄土滑坡；次级滑坡体 H2 纵长约 45m，平均横宽约 90m，平均厚度约 4m，平面面积约 2445m^2，总方量为 0.98×10^4m^3，属于小型浅层土质滑坡；次级滑坡体 H3 纵长约 30m，平均横宽约 70m，平均厚度约 2m，平面面积约 1470m^2，总方量为 0.294×10^4m^3，属于小型浅层土质滑坡。滑坡威胁子洲县双湖峪镇曹家沟村 56 户、155 人，威胁房屋 93 间，可能造成直接经济损失 1025 万元，地质灾害危害等级为二级。

3.12.2　治理工程措施

该滑坡防治工程分级为 Ⅰ 级，主要治理工程措施：分级削方减载＋截水、排水＋监测。滑坡治理前和治理后的现场照片分别如图 3.63 ～图 3.65 和图 6.66 所示。

1. 分级削方减载

削坡起始标高为 937m。分 8 级削坡，各级削方边坡高度均为 8m，按照 1∶0.75 坡率放坡，各级边坡底部留设平台，分别在 937m、945m、953m、961m、969m、978m、985m、993m 高度留设平台，各级平台宽度均为 3m。

图 3.63　滑坡治理前南部的全貌（镜向 330°）

图 3.64　滑坡治理前左壁的地形地貌（镜向 350°）

图 3.65　滑坡治理前北部的全貌（镜向 40°）

图 3.66 滑坡治理后的全景照片

2. 排水系统

在削方坡面设置横纵向排水设施，在纵向排水设施下部设置必要的消力池，在滑坡治理区后缘设置截水沟。

截水沟：在滑坡治理区后缘设计一条折线形截水沟，采用 C20 混凝土浇筑，长度为 320.3m，断面呈梯形，上口净尺寸为 0.56m，下口净尺寸为 0.4m，深度为 0.4m，截水沟沟底设置 20cm 厚的 3：7 灰土垫层，截水沟每 10m 设 2cm 宽的伸缩缝。

A 型排水沟：在各级削方平台沿坡脚位置设置横向排水沟，为 A 型排水沟，采用 C20 混凝土浇筑，总长度为 1775m，净尺寸为 0.5m×0.5m，排水沟底部设置 20cm 厚的 3:7 灰土垫层，每 10m 设 2cm 宽的伸缩缝。

B 型排水沟：在滑坡区域两侧分别设置 B 型排水沟，将各级平台汇水导入滑坡南侧河道。采用 C20 混凝土浇筑，总长度为 81m，净尺寸为 0.5m×0.9m，排水沟底部设置 30cm 厚的 3:7 灰土垫层，排水沟底部每 10m 设 2cm 宽的伸缩缝。

C 型排水暗沟：在排水沟过路位置设置 A 型排水暗沟，采用 C20 混凝土浇筑，净尺寸为 0.5m×0.5m，顶部设置 10cm 厚的 C20 混凝土盖板，排水沟每 10m 设 2cm 宽的伸缩缝。

纵向排水沟：在各级边坡区域设置纵向排水沟，在纵向排水设施下部设置必要的消力池，通过纵向排水沟将各级边坡坡脚排水沟相连。纵向排水沟截面为矩形，总长度为179m，采用C20混凝土浇筑，沟宽为0.6m，沟底采用跌水形式，跌水高度为0.4m，排水沟顶面高出坡面约0.1m，沟顶面距沟底最小深度为0.58m，壁厚为0.3m。消力池采用C20混凝土浇筑，长度约2m，宽度约1m，深度约1m，壁厚为30cm，纵向排水沟底部设置15cm厚的3∶7灰土垫层。

3. 监测

监测内容：针对滑坡区地质环境资料、不稳定边坡险情状况及研究程度进行监测，监测内容以坡体变形监测为主，宏观变形监测为辅，监测对象主要为主滑坡。

监测点布设：变形监测以原测量基准点为监测基点，在滑坡区顶部山包及东侧稳定区设置照准点，在977m、953m高度的平台、滑坡顶部设置观测点，共布设观测点7个，照准点2个。

3.12.3 治理效果分析评价

经济效益：本项目的实施，解除地质灾害威胁人数155人，保护财产1025万元，工程治理区群众生命财产安全保障得到有效提高，治理区群众防灾减灾参与度超过90%，治理区域受益人群满意度超过92%，地质灾害隐患"三查"覆盖率、地质灾害隐患管控率达100%。该滑坡治理项目不仅能最大限度地减小损失，保障曹家沟村群众的安居乐业和生产建设的正常进行，还可以消除每年因地质灾害造成的财产损失。

环境效益：通过对该地质灾害隐患的治理，可保护建筑物、巩固斜坡坡面、减少水土流失。

社会效益：地质灾害应急治理项目最大的效益是社会效益。该崩塌治理项目的实施可以消除其对子洲县双湖峪镇曹家沟村56户、155人生命财产安全的威胁，保持当地社会的安定团结，消除群众心理隐患，从而化解各种矛盾，融洽干群关系，提高政府公信力，营造和谐稳定的社会氛围，是各级相关部门践行"三个代表"重要思想、履行"与时俱进"思想路线、构建"和谐社会"的真实写照。

存在问题：一是沟道阻塞，在截水沟、排水沟沉积有黄土和杂物；二是坡体防护功能失效，坡面冲蚀形成沟壑和坑洞。

3.13 案例 13：府谷县赵石堡崩塌

3.13.1 灾害基本特征

赵石堡崩塌治理工程位于府谷县水地湾村西侧边坡中上部。崩塌体南北方向长约 450m，高度为 5～48m，崩向为 78°～114°，厚度为 0.5～2m，方量约 $1.24×10^4m^3$，为中型岩质崩塌。崩塌体中心地理坐标为东经 111°01′33.98″，北纬 39°03′37.99″。崩塌边坡南北宽为 450m，崩塌分布高程为 923～975m，崩塌高度为 5～48m，崩向为 78°～114°，崩塌体厚度为 0.5～2m，方量约 $1.24×10^4m^3$，属中型岩质崩塌。该崩塌与边坡下部居民区直线距离约 300m，垂直距离约 160m，崩塌危岩体多年来经常发生局部崩塌，崩塌稳定性差，直接威胁边坡下部 46 户、124 人、93 间房屋，威胁财产超过 1000 万元，潜在经济损超过 1500 万元。赵石堡崩塌危害巨大，地质灾害危害等级为二级。

崩塌形成机制分析：崩塌所在坡体为岩质边坡，坡面岩体裸露，岩性以砂岩与泥岩互层为主，坡顶覆盖有 3～5m 厚的黄土层，坡脚堆积少量第四系堆积物。崩塌体的全景照片如图 3.67 所示。该崩塌体位于县城—沿黄公路—府店公路的滑坡、崩塌高易发区，多年来多次出现小规模崩落现象，崩塌范围内坡体基岩裸露，节理裂隙发育，表面裸露砂岩破碎，呈强风化状态，坡体多处已形成危岩体，崩塌边坡顶部地面开裂，开裂宽度最大为 60cm，最大危岩体直径达 3m，垂直距离达到 115m。府谷县赵石堡崩塌位于其所在边坡中上部山谷陡坡地段，崩塌顶部高程为 976m（相对高程），坡底高程为 866～900m，相对高差在 77～110m 范围内，崩塌边坡出露地层以厚层状砂岩及薄层状砂岩与泥岩互层为主。受人类工程活动时坡脚开挖及自然环境侵蚀影响，地形坡度较陡，一般为 30°～80°，属侵蚀、剥蚀斜坡地貌。

坡底向上由上至下可分为陡坡、中陡坡 2 种微地貌：陡坡位于斜坡中上部，主要分布于厚层砂岩出露段，植被不发育，坡度为 50°～80°，局部近似直立或呈负角；中陡坡主要分布于斜坡中下部，地形坡度为 30°～50°，坡体覆盖层主要为残积物和坡积物，覆盖层厚度为 0.5～1.5m，植被发育一般。其下伏地层为薄层状砂岩与泥岩互层，强－中风化，局部出露，表层岩体较破碎，节理裂隙发育。赵石堡崩塌危岩体为砂岩，表层岩石风化程度为强－中等风化，风化裂隙发育，岩层产状为 315°∠15°。

图 3.67　崩塌区的航拍照片及崩滑方向

3.13.2　治理工程措施

该崩塌防治工程分级为Ⅰ级，主要治理工程措施：坡面岩石清理＋坡面落石清理＋主动防护网＋被动防护网＋截水、排水＋植树植草绿化。崩塌治理前和治理后的远景照片分别如图 3.68 和图 3.69、图 3.70 所示。

1. 崩塌坡面岩石清理

危岩清理：对崩塌边坡顶部存在的孤石、危岩体进行清理，采用液压震动锤破碎，严禁采用爆破清理。对崩塌体坡面松散岩石进行清理，采用人工清理方式，严禁采用爆破清理，清理厚度不宜过大，清除顶部具有明显裂隙、风化严重、破碎程度较高的岩块即可。对于裂缝较小或难以清理的危岩体，对裂缝进行灌浆封堵。

图 3.68　崩塌治理前的全景航拍照片

图 3.69　崩塌治理后的全景航拍照片

(a)

(b)

图 3.70 崩塌治理后的局部航拍照片

2. 坡面落石清理

对崩塌体以下坡面堆积的直径大于 0.5m 的落石进行人工清理，通过人工胶轮车倒运至治理区以外，最后通过装载机运输至弃土场。

3. 锚杆 + 主动防护网

崩塌中段及南段边坡高度高、长度长，边坡岩体节理、裂隙发育，难以全面进行加固处理，因此对崩塌中段及南段边坡采取主动防护网 + 锚杆方案进行防护。

4. 被动防护网

在崩塌南段边坡中部设置一道被动防护网，被动防护网高度均为 5m。

5. 排水工程

在崩塌顶部设置一道截水沟，在坡面岩石清理区下部设置一道排水沟，最终将崩塌区坡面汇水引至崩塌区下部道路旁已有排水沟内。截水沟、排水沟均采用 M7.5 浆砌石砌筑，截水沟长度为 451m，梯形截面，上口净宽为 0.56m，下口净宽为 0.4m，净深为 0.4m。排水沟总长度为 498m，矩形截面，净截面尺寸为 0.4×0.4m。截水沟、排水沟沟身每 10m 设置一道伸缩缝，以沥青麻木填塞。

6. 绿化工程

爬山虎绿化：在岩石坡面清理区域下部进行爬山虎绿化，种植方式为穴播绿化，爬山虎种植穴规格为 50cm×50cm×50cm，间距为 1.5m。

植树绿化：在岩石削方区域下部较平缓区域进行植树绿化，选择侧柏及柠条套种。侧柏苗木树高大于 1.5m，灌丛直径不小于 0.35m，采用鱼鳞坑植树法，种植株距为 2m，行距为 3m，树坑深度为 50cm，树坑上口直径为 50cm，种植时坑内换填种植土；柠条地径大于 3cm，两年生苗，种植株距为 1m，行距为 3m，柠条种植时先把坑底的土刨开一个 5cm 深的小坑，坑底放置必要的营养物质，再放置柠条苗木，最后覆土，覆土厚度以刚好埋住柠条苗的根部为标准。把土压实，防止风干，保持水分。

植草绿化：在岩石削方区域下部较陡峭或人员难以到达区域进行植草绿化，植草草种选择高羊茅，种植方式为人工撒播草籽，草籽在地面播种密度为 25g/m²。

本隐患点为岩质崩塌，为府谷地区典型砂岩、泥岩互层边坡，总体而言此类边坡壁立性好，但会因边坡下部软弱的泥岩层被侵蚀、脱落、掏空，造成上部巨厚层砂岩失去下部支撑，从而形成岩质崩塌。项目的典型治理方法为以治水为上，在结合局部卸载、危岩清除的基础上，加强边坡区域排水，防止水力侵蚀增强；并结合区域岩体自立性好的特点，适当对坡面危岩体进行锚杆加固，消除大规模倾倒崩塌隐患；最后在坡面设置主动被动防护网，消除小规模掉块造成的安全隐患。

清除松动危岩及坡面残积层后，坡面危岩体基本消除，减少了后期的安全隐患；挂设主动防护网可防止石块坠落；设立被动防护网能够有效拦挡坠落石块；设置排水渠能够排导地表降水和坡体积水，进一步提高治理工程的整体稳定性。治理工程的实施使得赵石堡崩塌地质灾害安全隐患得到明显改善，有效解决地质灾害对当地群众的影响，使下部人身财产免遭地质灾害引起的损失。

3.13.3　治理效果分析评价

经济效益：通过治理项目的实施，保障了水地湾村群众的安居乐业和生产建设的正常进行，也消除了每年因地质灾害造成的财产损失，经济效益可观。

环境效益：通过治理项目的实施，巩固了斜坡坡面，并在坡面区域植树约 6000 棵，改善了区域人居环境，减少了水土流失，改善了生态环境。

社会效益：通过该崩塌治理项目的实施，可以消除崩塌对府谷县府谷镇水地湾村 46户、124 人的生命财产安全的威胁，保护居民房屋 93 间，保护财产约 2500 万元，消除了群众心理隐患，有利于保持当地社会的安定团结，融洽了干群关系，提高了政府公信力，营造了和谐稳定的社会氛围。

存在问题：一是植被恢复不到位；二是沟道阻塞，在截水沟、排水沟沉积有杂物。

3.14　案例 14：绥德县甜水村滑坡

3.14.1　灾害基本特征

绥德县甜水村滑坡治理工程位于绥德县张家砭镇甜水沟村高石角—王庄自然村 307国道北侧。地理坐标为东经 110°15′20.27″，北纬 37°31′12.31″。滑坡野外宏观照片如图3.71 所示，图中指示了滑坡体滑移方向，该滑体直接威胁斜坡南面 54 户、168 人（常住人口为 48 户、137 人）、118 孔石窑 60 间以及 1 处养殖场，威胁资产约 2310 万元。距离绥德县城直线距离约 1.2km，307 国道从滑坡前通过，对外交通十分便利。坡脚高程为 820.38m。经调查，根据其岩土组成结构、地貌形态、滑坡体变形破坏等特点，判断该滑坡为黄土滑坡，滑坡体长约 130m，宽约 380m，厚度为 4～7m，体积约 $24.7 \times 10^4 m^3$，坡面形态呈凹形，滑坡体发育于中—上更新统的黄土中，滑坡后缘可见圈椅状后壁。该滑坡属中型黄土滑坡，黄土中垂直节理、裂隙发育，具大孔隙，土体结构松散，易被破坏，近年来由于连续降雨，大量雨水由坡面下渗到滑体内部，加剧坡体饱和、增重，土体强度进一步降低，也加速了坡体的整体滑塌。

图 3.71　绥德县甜水村滑坡的远景照片及滑坡体滑移方向

坡面发育 3 处小型滑坡，厚度为 1.0～5.4m。坡体最东段滑坡平面呈扇形，后缘呈圈椅状，后壁坡体较陡，近于直立，整体坡度约 50°，宽度为 20～30m，长约 30m，厚度为 1～2m，后壁陡坎及两侧边界清晰；坡体中段滑坡后缘呈弧形，后壁为近于直立的陡坎，滑坡体后部为两级阶梯状陡坎，坡面拉张裂隙已不明显，宽约 50m，长约 58m，厚度为 2～5.4m，滑坡边界清晰；滑坡西段滑坡平面呈舌形，后壁坡体较陡，近于直立，高度为 5～10m，滑坡体宽度为 30～50m，长约 58m，厚度为 1.0～5.4m，后缘陡坎清晰，两侧发育小型冲沟。3 处滑坡前缘位于窑洞顶部，由于窑洞的维护及维修，滑坡前缘已不清晰。滑坡所在坡体由中—上更新统黄土组成，岩性以粉土为主，土体结构松散，垂直裂隙发育，坡体前缘临空面良好，后缘裂隙发育。

滑坡形成机制分析：

（1）地貌因素。形成的滑坡体位于黄土梁斜坡处，坡脚为沟谷，地形坡度大，边坡高陡，为滑坡提供了有利的地形条件。

（2）地层因素。坡体由中—上更新统黄土组成，上更新统黄土顺原始坡形披覆在中更新统黄土之上，各地层接触面均倾向坡外且坡度较大，不同成因和时代的黄土层之间，在重力的作用下有顺层下滑的趋势。黄土地层结构疏松、强度低、垂直裂隙发育、透水性较好，雨水入渗使土体强度降低，土体饱和使强度降低，形成了滑移控制面。

（3）外部因素。因修建窑洞，开挖坡脚，上部坡体失去支撑，整个山体各种内力失去平衡，为滑体向下错动、滑移提供了空间，同时坡面形成卸荷裂隙。坡体为中—上更新统黄土，结构松散，大孔隙和垂直节理发育，故而在小雨以至中雨的情况下，大气降水通过下渗使坡体中形成了许多渗水通道和裂缝，降低了坡体的稳定性。

随着雨季到来，连阴雨、暴雨出现，大量雨水通过结构疏松的上覆土层：一方面滑体饱和增重，增大滑动力；另一方面，坡体积水、泥化、强度剧降形成相对软弱层，使坡体中多处土体挤压变形蠕动，产生裂缝和滑动，为滑坡体的活动起了重要加速作用。

甜水村滑坡所在坡体高度大，坡度较陡，坡体局部直立，加之坡脚建窑开挖坡体，使坡体临空面的面积增大，为滑坡提供良好的地形条件；坡体由中—上更新统黄土组成，以粉土为主，结构松散，垂直裂隙发育；其次坡面无排水系统，降雨沿坡面流动入渗，使表部土体饱和，自重增大，与后缘土体拉裂，引发浅层滑坡。

3.14.2 治理工程措施

该滑坡防治工程分级为 I 级，主要治理工程措施：分级削方减载工程＋排水工程＋绿化工程＋监测工程。上部输电铁塔治理区采取措施：锚索框架梁工程（中部）＋底部两道被动防护网＋排水工程＋监测工程。滑坡治理前和治理后的远景图片分别如图3.72和图3.73所示。

1. 削方工程

削方工程主体采用 1 : 0.75 坡比，每级台阶高度为 6 ～ 10m，台阶宽度为 3.0m，采用机械削方与人工削方相结合的方式进行削坡，两侧及顶部根据地形自然削出，西侧共 14 级平台、东侧共 8 级平台，削坡总方量约 $19.6 \times 10^4 \mathrm{m}^3$。

图 3.72　滑坡治理前的远景航拍照片

图 3.73　滑坡治理后的远景航拍照片

2. 锚索格构梁工程

锚索格构梁工程分为3个坡面进行了治理，3个坡面锚索格构梁长度均为30m，格构梁混凝土强度均为C30，立柱水平间距为3.0m，钢筋均通长设置，格构梁截面为40×40cm，混凝土强度等级为C30，立柱及横梁嵌入坡面深度为20cm，预应力锚索为 $1 \times 7\Phi 15.24$ 绞线，标准型1860级高强低松弛钢绞线，钻孔直径为15cm，锚固力为250kN，锚固段采用M30水泥砂浆。

3. 排水系统工程

截水、排水工程主要包括截水沟、排水沟、急流槽和消力池。在坡顶和各级平台内侧距离坡脚1.0m处修筑横向截水沟，并沿坡面修筑纵向急流槽及排水沟，在横向截水沟和纵向急流槽及排水沟交汇区域设置消力池，将整个排水系统连在一起。坡体排水最终与坡脚居民区排水系统相连。各单项截水、排水工程分述如下。

截水沟、排水沟以排水沟为主，主要布设于治理后的各级马道平台。分级削坡后，在各级平台距离每级平台内侧坡脚1.0m处设置一条横向矩形排水沟。排水沟为矩形断面，净过水断面尺寸为0.4m×0.4m，壁厚为26cm，砖砌体结构，底部为26cm机制砖，基础为3:7灰土，厚度为30cm。排水沟内侧采用2cm厚的M10砂浆面层。

急流槽沿坡面方向布置，将各级平台截水沟、排水沟进行连接，形成排水通道。急流槽为矩形断面，净过水断面尺寸为0.4m×0.4m，壁厚为30cm，底厚为26cm，基础为3:7灰土，换填厚度为30cm。采用MU10机制砖砌筑，M10水泥砂浆抹面，厚度为2cm。

消力池连接急流槽与截水沟、排水沟，采用MU10机制砖砌筑，M10水泥砂浆抹面，基底为0.3m厚的3:7灰土垫层，平面净尺寸为1.0m×1.0m，池深为0.5m，壁厚为26cm。

4. 坡面绿化

对削坡后的平台进行植树绿化，树种选用侧柏，采用种植成品苗，选用一年生优质苗，苗高为100cm，胸径为3cm，冠丛直径为0.6m，栽植穴深为40cm，长度为40cm，宽度为40cm，在每级平台栽种一排侧柏，株距为2.0m，共计栽种3180株侧柏。

削坡坡面采用钻孔植草，草种选用紫穗槐，钻孔呈梅花形布置，间距为35cm，孔深为30cm，孔径为10cm，绿化坡面面积达 $1.96 \times 10^4 m^2$。

3.14.3　治理效果分析评价

经济效益：本项目实施后，解除了滑坡灾害对区域内 137 人、2310 余万元财产的威胁。

环境效益：项目实施后，边坡陡立面减少，斜坡面积增大，待自然播种或后期人工绿化后将大大增加绿化面积，减少垮塌的发生，改善当地日益恶化的生态环境，能保护区内社会安定，为村民提供安全、舒适的生存环境。

社会效益：治理工程的实施将会阻止、减弱灾害的发生，降低因灾害的发生而造成的人员伤亡和财产损失，对促进当地经济可持续发展、促进生存环境与经济建设协调发展、达到地质环境与经济发展的高度协调统一有着十分积极的作用。

存在问题：一是植被恢复不到位，坡体局部水土流失，坡体陡立不利于土壤蓄水，植被恢复成效较低；二是沟道阻塞，在截水沟、排水沟沉积有黄土和杂物；三是坡体防护功能失效，坡面冲蚀形成沟壑和坑洞。

3.15　案例 15：米脂县龙镇中学滑坡

3.15.1　灾害基本特征

米脂县龙镇中学滑坡治理工程位于米脂县龙镇合流咀村龙镇中学后的黄土墚峁斜坡处，根据其岩土组成结构、地貌形态、滑坡体变形破坏等特点，判断该滑坡为黄土滑坡，滑坡全景及滑坡体的滑移方向如图 3.74 所示。

龙镇中学滑坡位于黄土墚端部斜坡处，黄土墚长约 350m，宽约 120m，海拔在 875.4～959.2m 范围内，地面相对高差达 83.8m，坡度在 25°～50° 范围内，下陡上缓，局部为直立陡坎。黄土墚走向为东南方向，墚端部斜坡倾向马湖峪沟河道，坡脚下为马湖峪沟河的一级阶地，阶地地形较为平坦，龙镇中学位于马湖峪沟河的一级阶地，背靠墚峁斜坡而建，墚峁两侧为黄土冲沟，经过近几年的退耕还林和应急治理，坡面植被覆盖情况较好。米脂县龙镇中学滑坡体平面上呈北东向展布，长约 40m，宽约 150m，厚度为 3～17m，体积约 12×10⁴m³，滑向为 155°，属中型黄土滑坡。滑坡体坡度较大，前缘为直立陡坎，后缘变形不明显，近期局部有小型滑塌发生，现状稳定性较差。滑坡体前缘为龙镇中学，学校 3 层窑洞紧靠滑坡体前缘陡坎。根据调查走访，该滑坡曾造成窑洞墙体上部发育多条裂缝，宽度为 2～3cm，坡上雨水沿裂缝灌入，使得局部窑洞墙体变形，成为

图 3.74　龙镇中学滑坡全景照片（镜向 350°）及滑坡体的滑移方向

危窑洞，学校的围墙曾多次进行返修。该滑坡直接威胁龙镇中学师生 160 人、校舍 105 孔窑洞，威胁坡脚居民 3 户、10 人，窑洞 11 孔，预计直接经济损失达 1120 万元，属于大型地质灾害。该滑坡地质灾害危害程度等级为一级。

龙镇中学滑坡由两处滑坡组成：

主滑坡（H1）位于米脂县龙镇合流咀村龙镇中学办公楼及学生教师宿舍后，地理坐标为东经 109°59′44″，北纬 35°52′53″。该滑坡发育于黄土墚端部斜坡处，其前缘为龙镇中学，平面呈扇形，滑动方向约为 155°，滑体长（高）约 40m，前缘宽约 150m，后缘宽约 30m，后壁落差为 0.5 ~ 1m，滑体厚度为 2 ~ 11m，体积约 $12 \times 10^4 m^3$，为一中型厚层黄土滑坡。滑坡体前部发育 2 处次级滑坡，东部次级滑坡后壁陡坎呈圈椅状，陡坎高度为 5 ~ 7m，应急治理已对该滑坡上部进行清除，使前缘形成平台；西部次级滑坡后壁呈弧形，陡坎高度约 2m。

次滑坡（H2）位于墚峁西南侧斜坡处，滑向约 190°，宽约 20m，长约 25m，后壁落差约 1.0m，厚度为 2 ~ 5m，体积约 $0.2 \times 10^4 m^3$，为一小型滑坡。滑坡后壁呈圈椅状，两侧有明显的错动，边界清晰，剪出口位于废弃窑洞顶部。

滑坡形成机制分析：

滑坡体的物质组成为浅黄色黄土状粉土，母岩为上更新统黄土，土质较均匀，结构松散，均发育有垂直节理，该层土体含水量为 8.1% ~ 10.7%，孔隙比为 1.117 ~ 1.236，天然容重为 13.2 ～ 15.1kN/m³，厚度为 2 ～ 11m，滑面位于中更新统黄土和上更新统黄土接触面，滑床为中更新统黄土，滑床的岩性与滑体没有明显差异。中更新统的黄土呈浅黄色，可塑 – 硬塑状，土质均匀，结构致密，夹有钙质结核，含黑色染斑，局部可见结核层，粉粒含量较高，该层土体含水量为 8.1% ～ 10.7%，孔隙比为 1.117 ～ 0.851，天然容重为 13.4 ～ 17.0kN/m³

龙镇中学滑坡的发生，主要是由于坡体前缘人类工程活动中开挖坡脚，破坏了原有坡体的稳定性，加之坡体较陡，坡体上部为上更新统黄土，结构松散，垂直裂隙及大孔隙发育，降雨入渗，使得上部土体饱和，重度增大，雨水入渗至中—上更新统黄土接触面，沿层面渗流，降低了土体的强度，造成坡体失稳，产生滑坡。米脂县龙镇中学滑坡整个坡体主体由黄土构成，在自然条件下，黄土土体强度较高，直立性较好，垂直节理难以形成贯通性结构面，土体处于基本稳定状态。但是在长期降雨冲刷影响下，土体处于饱和状态，土体强度显著降低，垂直节理迅速扩展形成贯通结构面，高陡边坡在重力作用下向临空方向倒塌，造成滑坡失稳。

3.15.2　治理工程措施

该滑坡防治工程分级为Ⅰ级，主要治理工程措施：分级削方减载工程 + 锚索框架梁工程 + 排水工程 + 绿化工程 + 监测工程。治理工程规划如图 3.75 所示，治理前和治理后滑坡体的远景照片如图 3.76 和图 3.77 所示。

该滑坡采取分台阶削坡减载治理方案，每级边坡高 6m，台阶宽度为 3m，采用 1∶1.0 的坡比进行削坡减载，底部两级坡面采用锚索框架梁加固，消除滑坡隐患；在滑坡体外围及平台布置截水沟、排水沟；削坡平台处种植侧柏等树种绿化。

1. 分级削方减载

根据滑坡体的地形地貌特征，治理区以 1∶1 的坡比自上而下分台阶进行削坡，共 6 级边坡、5 级平台。边坡坡高为 6m，第 1 级平台宽度为 2m，其余平台宽度为 3m，第 6 级边坡根据地形削出。采用机械削方进行削坡，人工修整边坡。

2. 锚索框架梁

预应力锚索采用 1×7Φ15.24 钢绞线、标准型 1860 级高强低松弛钢绞线，钻孔直径

图 3.75　滑坡治理工程规划示意图

图 3.76　滑坡治理前的远景照片

图 3.77　滑坡治理后的远景照片

为 15cm，设计锚固力为 200 ～ 250kN，锚固段采用 M30 水泥砂浆。格构梁混凝土强度均为 C30，立柱间距为 3m，钢筋均应通长设置，框架格构梁每隔 10 ～ 15m 设置一道伸缩缝，缝宽均为 3cm，缝中应填塞沥青麻筋或其他弹性防水材料，填塞深度不应小于 15cm。格构梁截面为 40cm×40cm，混凝土强度等级为 C30。立柱及横梁应嵌入坡面深度达 20cm，遇局部架空其基础先铺砌 2 ～ 5cm 厚的砂浆平层。

3. 排水工程

排水工程主要设计为截水沟、排水沟、急流槽和消力池。在坡顶设置截水沟，各级平台内侧距离坡脚 1.0m 处修筑横向排水沟，并沿坡面修筑纵向急流槽和排水沟，在横向排水沟，以及纵向急流槽、排水沟交汇区域设置消力池，将整个排水系统连在一起。坡体排水最终与坡脚学校、居民区排水系统相连。各单项截水、排水工程分述如下。

截水沟设置在滑坡体后缘，将滑坡后缘雨水引至滑坡东侧原有排水沟内，设计截水沟为梯形断面，内截面上宽为 0.8m，底宽为 0.4m，高度为 0.4m，壁厚为 30cm，基础采用 3∶7 灰土换填，厚度为 30cm。截水沟采用 C20 混凝土浇筑。设计截水沟长度为 205m。

排水工程以排水沟为主，主要布设于治理后的各级马道平台。分级削坡后，在各级平台距离每级平台内侧坡脚 1m 处设置一条横向矩形排水沟。排水沟为矩形断面，其中 A 型排水沟净过水断面尺寸为 0.5m×0.5m，壁厚为 20cm，采用 C20 混凝土浇筑，基础采用 3∶7

灰土换填，厚度为 30cm。沟底比降以能顺利排出拦截的地表水为原则，一般不小于 5%。B 型排水沟设置在较宽的平台处，采用 C20 混凝土浇筑，净尺寸为 0.5m×0.5m，内侧沟壁加宽加厚，排水沟底部设置 30cm 厚的 3∶7 灰土垫层，每 10m 设 2cm 宽的伸缩缝。

急流槽沿坡面方向布置，将各级平台截水沟进行连接，形成排水通道。急流槽为矩形断面，净过水断面尺寸为 0.5m×0.5m，壁厚为 20cm，基础采用 3∶7 灰土换填，厚度为 30cm，采用 C20 混凝土浇筑。设计排水沟和急流槽总长约 560.0m。

消力池连接急流槽与截水沟、排水沟，共设计 8 个消力池，采用 C20 混凝土浇筑，基底采用 0.15m 厚的 3∶7 灰土垫层，设计平面净尺寸为 1.0m×1.0m，池深为 1.0m，壁厚为 30cm。

4. 绿化工程

主要是通过在削坡后的每级平台栽种侧柏进行绿化。侧柏采用种植成品苗，选用 1 年生优质苗，苗高不低于 100cm，胸径达 3cm，冠丛直径达 0.6m。栽植穴深为 40cm，长度为 40cm，宽度为 40cm。在每级平台栽种 1 排侧柏，株距为 2m，共计栽种 220 株。平台和坡面植草方式为撒播草籽，草种为长芒草及刺槐，播种比例为 2∶1，播撒草籽用量每 1000m² 不少于 25kg。

斜坡坡面绿化采用钻孔植草（紫穗槐），钻孔植草工艺包括①钻孔：边坡绿化钻孔须按照梅花形布置，间距为 35cm，孔深控制在 30cm 左右，孔径为 10cm，栽植孔应有一定竖直度，穴孔与坡面的角度以接近 90° 为宜，这样有利于打穴钻孔和草丛、灌丛的正常生长，提高栽植孔蓄水保水能力及边坡的稳定性；②栽植：先在孔内施肥，然后回填 10～15cm 厚度的种植土，再放置营养钵，最后撒播混合草种，再覆盖 2cm 左右厚度的营养土即可；③营养土配制：用充分熟化的种植土，与磷肥、尿素、二胺、杀虫剂、保水剂等充分混合均匀，过筛滤去草根、石砾等杂物，并使其保持相当的湿度，装袋封存待用；④养护：浇水养护时由坡面自下而上喷灌，注意保护坡面，确保坡面不受冲蚀。

其余坡面采用撒播红花三叶草籽的绿化方案，红花三叶草在 3～10 月均可种植，以秋播最佳，一般在 9 月中旬前后播种。每公顷播种量为 20～50kg，播种方法为撒播，由于红花三叶种子细小，可用等量的沃土拌匀后增量播种。

5. 监测工作

基于滑坡边坡、滑坡特性及其与工程环境的关联性，对已有建筑物及地质灾害体的变形（治理前后）进行监测，以检验综合治理工程施工及治理以后的质量效果，确保工程安全可靠、经济合理及工程的正常运营。

3.15.3　治理效果分析评价

经济效益：本项目实施后，解除了滑坡对龙镇中学师生 160 人、校舍 105 孔窑洞，坡脚居民 3 户、10 人，窑洞 11 孔的威胁，消除了灾害隐患。

环境效益：项目实施后，边坡陡立面减少，斜坡面积增大，待自然播种或后期人工绿化后将大大增加绿化面积，减少垮塌的发生，改善当地日益恶化的生态环境，能保护区内社会安定，为村民提供安全、舒适的生存环境。

社会效益：治理工程的实施，将会阻止、减弱灾害的发生，降低因灾害的发生而造成的人员伤亡和财产损失，对促进当地经济可持续发展、促进生存环境与经济建设协调发展、达到地质环境与经济发展的高度协调统一有着十分积极的作用。

存在问题：一是植被恢复不到位，坡体局部水土流失，坡体陡立不利于土壤蓄水，植被恢复成效较低；二是沟道阻塞，在截水沟、排水沟沉积有黄土和杂物；三是坡体防护功能失效，坡面冲蚀形成沟壑和坑洞。

 # 西北黄土地区治理工程技术方法总结及效果评价

4.1 治理手段分类

本书中选取的 15 个黄土地区地质灾害治理工程案例，包含崩塌 6 处、滑坡 7 处、泥石流 2 处，地质灾害种类和治理手段具有区域性特点和代表性，所采用的治理手段汇总见表 4.1。

表 4.1 崩塌、滑坡、泥石流治理手段汇总表

	规模	削坡	危岩清理	框架梁	截排水	挡墙	护坡	抗滑桩	锚杆锚索	防护网
米脂一中操场滑坡	特大型	√		√	√					
四完小西侧崩塌	特大型	√	√	√	√	√	√			
古城路崩塌	特大型		√		√	√	√			
白家沟泥石流	大型				√	√	√			
龟山滑坡	特大型			√	√	√		√		
太峪泥石流	特大型				√	√	√		√	
长乐塬滑坡	特大型	√			√	√	√			
牛家河组、玮环组崩塌	大型	√			√	√				
吴村东菜市场崩塌	大型	√			√					
榆林村南滑坡	中型	√			√	√	√	√		
华严寺崩塌	中型	√			√					
枣林山滑坡	中型	√			√					
赵石堡崩塌	中型	√	√						√	√
甜水村滑坡	中型	√		√	√					√
龙镇中学滑坡	中型	√		√	√					

4.2 崩塌、滑坡类地质灾害治理工程手段分析

1. 削坡

优点：从根本上降低坡体荷载，提高边坡的稳定性，平整的坡面能减少因积水引起的危害，施工难度较低，相较于其他工程施工成本较低。

缺点：对原始地形地貌的改变较大，对自然景观的破坏较大，施工过程中会对坡脚的结构和建筑物产生一定威胁。

适用说明：主要适用于推移式滑坡，滑床上陡下缓、滑体上部较厚的滑坡，岩体结构较为破碎的岩质崩塌、坡度较陡的土质崩塌或边坡，通常搭配坡面防护、绿化工作等同时进行。

2. 危岩清理

优点：施工较为简单，隐患消除具有针对性，施工成本较低。

缺点：只针对局部隐患消除，无法达到整体治理的效果。

适用说明：通常作为坡面防护或支挡工程的辅助手段，适用于有明显孤石、危石隐患的坡体。

3. 锚索（杆）框架梁

优点：工程结构整体性好，能有效提高坡面的稳定性及整体性，控制坡面变形；施工速度较快，在达到同样治理效果的情况下成本相对较低；设计灵活，可适应多种坡面形态。

缺点：锚杆（索）施工需要专业的技术和设备，施工难度较大，如果施工不当可能导致效果不佳甚至存在安全隐患。

适用说明：主要适用于岩质边坡或土岩结合边坡，需要对坡面进行一定整理，通常坡度在 40°～70°；土质边坡的治理通常与坡脚支挡工程配合使用。

4. 截水、排水

优点：施工工艺简单，施工成本低，截水、排水效果明显。

缺点：只针对地表排水，容易受到地表变形的影响发生断裂影响效果。

适用说明：截水、排水作为辅助工程，广泛适用各类治理工程。

5. 挡墙

优点：相对于其他支挡工程，挡墙的结构简单，效果明显，施工便捷，成本较低，施工工期短，对于一些应急工程可快速建立。

缺点：需要有稳固的基础，否则会影响治理效果；防护高度有限，一般不超过10m，不宜过高。

适用说明：主要适用于中小型滑坡、边坡的治理，可作为主要治理手段，对大型或深层滑坡的治理可作为辅助手段。

6. 护坡

优点：能有效防止坡面冲刷，设计灵活多样，可结合景观设计造型提升工程的美观度，施工难度低、方便、工期短。

缺点：适用性有限，对坡体自身稳定性有一定要求。

适用说明：适用于整体基本稳定的边坡，且坡度一般不超过 60°，由于护坡只作用于坡面，如坡体稳定性较差则需要结合其他支护措施进行治理。

7. 抗滑桩

优点：治理效果明显，对滑坡扰动较小，施工安全；桩位设置灵活，能及时增加抗滑力；施工灵活，可以先做桩后开挖，避免引发滑坡。

缺点：施工难度较大，工程造价相对较高。

适用说明：抗滑桩适用于各种类型的滑坡治理，主要适用于中深层滑坡治理，对于滑体结构特别松散的滑坡应配合桩间板共同治理。

8. 锚杆、锚索（单独布置）

优点：灵活性强，可以充分适应地质条件的不均匀性，能有效控制局部岩体的变形破坏。

缺点：单独布置的锚杆（索）由于缺少构件的连接无法保证锚杆（索）之间的相互作用的整体稳定性，对施工要求高。

适用说明：单独的锚杆、锚索主要适用于没有明显软弱面的高陡岩质边坡。

9. 防护网

优点：防护网的施工相对简单，成本较低；其透水性好，重量轻，有利于水土保持的同时不会对坡体造成过大的压力；防护网的柔性好，能够适应不同的地形和地貌。

缺点：防护使用寿命相对较短，并且防护能力相对较弱，需要定期检查维护。

适用说明：主要适用于有落石、滚石隐患的岩质边坡或土岩结合边坡，滑坡治理一般不选用。

10. 绿化

优点：植物根系可有效固结土壤，减少水土流失，绿化防护工程可以增加城市、乡村的景观，改善生活环境的同时可修复受损的生态系统。

缺点：绿化工程的见效周期长，维护成本高，受当地环境因素影响较大。

适用说明：适用于容易发生水土流失的地区，对于一些已经受损的生态系统，绿化工程可帮助其进行恢复。

4.3　泥石流地质灾害治理工程手段分析

1. 拦挡坝

优点：工程结构简单，施工方便，成本较低；结构多样，可以根据泥石流的特性和规模，灵活地设计和调整拦挡坝的形式、尺寸和位置；治理效果明显，可以有效防止泥石流对下游造成的危害。

缺点：拦挡坝的稳定性受到泥石流的冲刷和堆积的影响，需要定期检查和维护，否则可能会造成溢坝或决口，导致下游发生二次灾害；拦挡坝可能会阻碍沟道内的水流和动物的迁移，影响沟道的自然功能。

适用说明：主要适用于形态比较稳定、没有明显的侵蚀或淤积现象的泥石流沟道，沟道内有足够的空间供拦挡坝建设和松散物堆积；适用于下游有重要的人员、财产和设施需要保护，且没有其他更有效或更经济的防治措施可供选择的沟道。

2. 松散物固定

优点：松散物固工程定直接作用于泥石流物源，施工简单、见效快。

缺点：简易的固定工程无法彻底消除泥石流隐患，采用重工程固定施工成本较高。

适用说明：一般适用于应急治理工程，对于松散物源无法清理的泥石流一般与其他治理措施结合使用。

3. 泄洪洞渠

优点：直接作用于泥石流的启动条件（水源），可以有效地减少泥石流对下游的危害；可以利用泥石流中的水资源，进行灌溉、发电等。

缺点：施工工艺相对复杂，需要专业的人员及设备，对施工要求较高，工期较长；需要定期进行维护和清理，否则可能失效或堵塞。

适用说明：适用于泥石流沟道陡峭、弯曲、不易改造的区域，针对有明显汇水区域的泥石流。

4. 截水、排水

优点：施工工艺简单，施工成本低，截水、排水效果明显。

缺点：只针对地表排水，容易受到地表变形的影响发生断裂影响效果。

适用说明：截水、排水作为辅助工程，广泛适用各类治理工程。

5. 沟道清理

优点：施工简单便捷，施工成本低，工期短，治理效果明显。

缺点：一般是辅助工程。

适用说明：适用于有明显沟道的泥石流，一般作为辅助工程常与其他治理措施搭配使用。

6. 绿化

优点：植物根系可有效固结土壤，减少水土流失，绿化防护工程可以增加城市、乡村的景观，改善生活环境的同时可修复受损的生态系统。

缺点：绿化工程的见效周期长，维护成本高，受当地环境因素影响较大。

适用说明：适用于容易发生水土流失的地区，对于一些已经受损的生态系统，绿化工程可帮助其进行恢复。

4.4 现有工程手段的优势

黄土地区崩塌和滑坡为主要灾种，考虑到黄土具有强度相对较低、直立性好等物理力学特点，黄土地区土质地质灾害治理工程多采用削坡（坡度多为1∶0.7）、截水、排水、挡墙、护坡和抗滑桩等措施，岩质地质灾害治理工程多采用锚杆、锚索、防护网、清坡和框架梁等措施。

为进一步提升治理工程的自我生态修复和美化环境的功能，多辅以营养土种植、挂网喷播和人工养护等绿化手段，起到固土美化作用。

以上工作手段工艺成熟，成效直接且明显。特别是经过多年使用验证的治理手段，其力学参数等均可在设计阶段进行计算，能够较准确地计算出所需工作量，误差较小，确保资金使用绩效在较合理的区域内，最大程度提升费效比。

4.5 现有工程手段的不足

黄土，特别是含沙量较高的砂质黄土，具有如湿陷性和固结强度低等较负面的特性，其部分特性在工程治理完成后的运维期内极易诱发多种问题，导致工程手段效果降低或失效。

截水沟、排水沟拥堵。为最大化实现截水、排水功能，截水沟、排水沟多采用明渠。在坡体经过大量雨水冲刷后，坡面黄土随雨水进入截水沟、排水沟并沉积（图4.1），在消力池和拐角处大量沉积，导致沟渠堵塞，从而失去排水功能，甚至雨水溢出沟渠，导致局部坡面湿陷形成垮塌。

图4.1　截水沟堵塞

坡体绿化效果较差。黄土地区工程治理绿化恢复多采用坡面开挖孔洞或机制方孔砖植入拌有植被种子的营养土的方式植树植草（图4.2、图4.3）。因黄土直立性较好，为降低坡体投影面积，进而减少雨水迎接面积，黄土坡体削坡坡度较陡立。但较陡立的坡面极易导致营养土因雨水冲刷或重力而快速垮塌形成空洞，且坡体陡立极其不利于土壤蓄水，从而导致绿化恢复成效极低。

图4.2　开孔式绿化

图 4.3　机制砖式绿化

坡体防护功能失效。因黄土具有较明显的湿陷性，在降雨影响下，会导致坡体局部水土流失，形成沟壑和坑洞并逐渐加剧（图 4.4）。往往在 3 ~ 5 年后，坡体形成较大的沟槽或落水洞，从而诱发局部失稳垮落（图 4.5），导致防护功能减弱或失效。

图 4.4　坡面冲蚀沟壑

图 4.5　局部失稳垮落

结论与展望

西北黄土地区山川纵横，地形复杂，地势东低西高，地质灾害点多面广，防灾任务重，地质环境脆弱，气候变化大，在降雨等外界因素作用下易诱发崩塌、滑坡、泥石流等地质灾害，给人民生命财产安全带来巨大威胁，制约西北地区的经济发展与工程建设。西北黄土地区地质灾害防治任务艰巨。

多年来，西北黄土地区地质灾害治理工程的开展，极大地提升了减灾防灾能力，保护了受威胁群众的生命财产安全。但同时应看到，现有工程手段仍有缺陷，在应用中出现较明显的不足。分析西北黄土地区地质灾害形成、危害以及治理采用的方法和治理后的效果，能够巩固地质灾害综合治理体系建设取得的成效，有利于总结和推广地质灾害防治经验，实现地质灾害防治工程更好的效益产出，更大地发挥防灾减灾作用，为未来研究工作的开展和工程的实施提供数据和技术方法支撑。同时以问题为导向的研究方法，能够进一步提升地质灾害防治工作服务经济社会高质量发展的能力，对于西北黄土地区的经济发展与工程建设具有积极意义。

对于发现的问题，应开展有针对性的研究，在借鉴生态修复等其他领域的成果和试点应用基础上，弥补现有手段的不足，从而实现"1+1 > 2"的成效。